Vida Skreb

O impacto do comportamento guiado pelos sentidos no processamento neuronal a longo prazo

Vida Skreb

O impacto do comportamento guiado pelos sentidos no processamento neuronal a longo prazo

ScienciaScripts

Imprint

Cover image: www.ingimage.com

This book is a translation from the original published under ISBN 978-3-330-65391-7.

Publisher:
Sciencia Scripts
is a trademark of
Dodo Books Indian Ocean Ltd. and OmniScriptum S.R.L publishing group

120 High Road, East Finchley, London, N2 9ED, United Kingdom
Str. Armeneasca 28/1, office 1, Chisinau MD-2012, Republic of Moldova, Europe
Managing Directors: Ieva Konstantinova, Victoria Ursu
info@omniscriptum.com

Printed at: see last page
ISBN: 978-620-8-54888-9

"Nada tem tanto poder para alargar a mente

como a capacidade de investigar sistemática e verdadeiramente

tudo o que se apresenta à tua observação na vida."

Marco Aurélio

Índice

1. Resumo

A reconfiguração das redes neuronais devido à aprendizagem perceptiva e o impacto do envolvimento comportamental no processamento sensorial em linha são atualmente questões críticas em neurociência. No trabalho aqui apresentado, estes tópicos foram investigados no córtex do barril de ratos que realizam uma tarefa complexa de deteção e discriminação, através da lente da imagem de cálcio de dois fotões. A camada 2/3 do córtex sensorial primário foi de facto estabelecida como um local chave da plasticidade dependente da experiência do adulto. Devido à sua organização topográfica caraterística, o córtex do barril é uma área privilegiada para investigar as modulações do processamento sensorial durante o comportamento dependente do bigode. Antes de registar a atividade neuronal durante a aprendizagem de uma tarefa orientada pelos sentidos no projeto número dois, inquirimos sobre a capacidade dos ratos para executarem com êxito uma tarefa complexa.

Assim, o principal objetivo do primeiro projeto era determinar se os ratinhos podem aprender comportamentos complexos tão bem como os ratos. No nosso paradigma de escolha forçada com duas alternativas (2-AFC), os roedores aprenderam a discriminar estímulos vibrotácteis de um único punho aplicados simultaneamente com diferentes taxas de repetição. Tanto os ratos como as ratazanas foram capazes de realizar mais de 400 tentativas por dia, com níveis de desempenho que atingiram mais de 90% de respostas corretas. A principal descoberta deste projeto é que ambas as espécies apresentam resultados comparáveis em relação a várias leituras comportamentais. Nomeadamente, as suas curvas psicométricas eram comparáveis com um limiar percetivo médio de 53,0 Hz e 50,6 Hz de diferença de frequência e fracções de Weber correspondentes de 0,58 e 0,56 em ratos e ratazanas, respetivamente. Além disso, os seus tempos de reação, a quantidade de tentativas omitidas, as taxas de aprendizagem e a impulsividade eram comparáveis entre as duas espécies. Adicionalmente, verificámos que o ato de bater antes da apresentação do estímulo prejudicava o desempenho. Uma caraterística crucial do nosso paradigma comportamental 2-AFC emparelhado com o rastreio de bigodes é que permite um controlo muito preciso dos estímulos vibrotácteis aplicados. Uma vez que o animal está fixado à cabeça, podem ser aplicados métodos adicionais de registo e/ou estimulação, como a eletrofisiologia ou a optogenética. No segundo projeto, será apresentada a sua combinação com imagens de dois fótons a longo prazo. Além disso, a tarefa é muito adequada para investigar interações inter-hemisféricas devido à possibilidade de estimulação bilateral. A principal conclusão do primeiro projeto é que os ratinhos são tão capazes como os ratos de aprender comportamentos complexos como as tarefas de deteção e discriminação 2-AFC. Este resultado abre uma multiplicidade de possíveis vias de investigação, em virtude da fusão de medidas comportamentais com potentes métodos de registo e/ou estimulação e tirando partido da rica gama de linhas transgénicas criadas em ratinhos.

No segundo projeto, investigámos os efeitos de plasticidade devidos ao comportamento numa tarefa guiada pelos sentidos e juntamente com o impacto do envolvimento da atenção no processamento sensorial no córtex do barril. Para atingir este objetivo, a nossa tarefa 2-AFC foi combinada com imagens de cálcio de dois fotões a longo prazo na camada 2/3 do córtex somatossensorial. Esta camada é um dos principais locais de plasticidade cortical no adulto. No entanto, a nossa compreensão desta camada é muito limitada, uma vez que a maioria dos estudos se centrou nas camadas granular e infragranular. Os nossos dados revelaram fortes efeitos de plasticidade devido à aprendizagem perceptiva dependente do bigode. Durante as sessões de registo da linha de base, os ratos foram expostos passivamente a estímulos sensoriais. Quando os animais se envolveram na tarefa de condicionamento operante guiada por estímulos sensoriais, os estímulos ganharam relevância comportamental ao serem associados a uma recompensa em água. Assim, os neurónios da camada 2/3 apresentam uma modulação flexível em função do contexto comportamental, demonstrando que o córtex sensorial primário desempenha um papel mais complexo do que o de mero retransmissor passivo de informação sensorial. Os efeitos da plasticidade reflectiram-se igualmente na comparação dos registos de anestesia antes e depois da aprendizagem. Uma tendência robusta na representação sensorial é o aumento dos transientes de cálcio evocados com o aumento das taxas de repetição do estímulo vibrotáctil, também demonstrado nesta tese. No entanto, este incremento monotónico foi interrompido após a aprendizagem, que envolveu exclusivamente a frequência mais alta e a mais baixa. A frequência média, nunca aplicada durante a tarefa, recebeu menos transientes de cálcio do que a frequência mais baixa, eliminando assim a propriedade distintiva da representação da frequência vibrotáctil. Além disso, relatamos o efeito excitatório na representação cortical de estímulos somatossensoriais durante o envolvimento comportamental ativo na tarefa, em oposição à exposição passiva de estímulos durante ensaios sem supervisão. O nosso paradigma bilateral 2-AFC permitiu a comparação de respostas contralaterais e ipsilaterais, o que era anteriormente desconhecido na camada 2/3. Reportamos que as respostas de cálcio contralaterais são substancialmente maiores do que as ipsilaterais, ao contrário das camadas infragranulares onde são semelhantes em tamanho. Para resumir o segundo projeto, o envolvimento num paradigma comportamental orientado para os sentidos molda tanto o processamento sensorial em linha como os efeitos de plasticidade a longo prazo na camada 2/3 do córtex do barril.

2. Introdução geral

2.1. O córtex cerebral

O neocórtex

O córtex cerebral é caracterizado por uma impressionante e intrincada complexidade de estrutura e função. Esta camada externa de células neuronais densamente compactadas é altamente convoluta para assegurar a colocação da sua grande superfície dentro dos limites do crânio. A cablagem é assim economizada, uma vez que, numa tal estrutura, os corpos celulares estão suficientemente próximos para facilitar a velocidade de comunicação adequada, enquanto os axónios de saída estão unidos para formar a substância branca mielinizada. Para garantir a sua eficiência, é especializada regionalmente de acordo com diferentes funções, como a perceção sensorial, o controlo motor ou funções cognitivas superiores, que se pensa terem lugar nas áreas associativas (**Fig. 1A**). Simultaneamente com o seu elevado grau de especialização, mantém-se integrativo. Curiosamente, áreas sensoriais primárias presumivelmente unimodais podem demonstrar integração multissensorial (Kayser et al., 2005). Sendo o local de grandes mudanças evolutivas, o córtex cerebral deve preservar a sua estabilidade e assegurar uma flexibilidade suficiente dos circuitos corticais. Um dos modelos propostos de circuitos corticais mais bem compreendidos é a coluna do barril relacionada com o bigode, que é o objeto de investigação desta tese. A fim de investigar a natureza da função cortical, uma abordagem tradicional consiste em medir as suas respostas à estimulação sensorial, uma vez que permite um controlo experimental rigoroso. Os métodos electrofisiológicos clássicos tendem a centrar-se nas camadas mais profundas, uma vez que o seu spiking pode ser mais facilmente resolvido. No entanto, o advento das técnicas de imagem ótica permite o enfoque nas camadas supragranulares, que serão mais exploradas nesta dissertação.

A estrutura vertical e horizontal do córtex

O córtex está dividido horizontalmente em seis camadas que diferem em densidade, tipo de células e conetividade (**Fig. 1B**). A camada 1 (a camada molecular) é a mais externa, caracterizada por uma escassez de corpos celulares de interneurónios e uma rede de axónios e dendritos transversais. Recebe feedback corticocortical e, entre outros, expressa receptores de dopamina, serotonina e acetilcolina, podendo assim desempenhar um papel na aprendizagem associativa, como o condicionamento do medo (Letzkus et al., 2011). A camada 2 é chamada camada granular externa e é composta principalmente por neurónios piramidais e estrelados. A camada 3 é a camada piramidal externa, que contém células piramidais e interneurónios. Uma vez que as camadas 2 e 3 se misturam uma na outra, são frequentemente designadas por camada 2/3. Contém aferentes e eferentes intracorticais, dentro do mesmo hemisfério ou comissurais. A camada 4 é a camada granular interna e o local principal das conexões talamocorticais e dos aferentes corticocorticais intra-hemisféricos, contendo uma grande proporção de células estreladas ou granulares. A camada piramidal interna é a camada 5, composta principalmente por grandes células piramidais e envia eferências subcorticais para o tálamo, o estriado ou o tronco cerebral e é o local das conexões inter-hemisféricas. Por fim, a camada multiforme 6 também tem grandes células piramidais e é também a origem de eferentes talamocorticais. Esta organização distinta de aferentes, eferentes e neurónios intrínsecos nas camadas corticais parece ser uma caraterística universal do neocórtex (Jones, 1999). Um circuito simplificado padrão que parece estar operando no córtex é que o tálamo se projeta para a camada 4, depois para a camada 4 -> camada 2/3 -> camada 5/6 (**Fig. 1C**) (Feldmeyer et al., 2002; Petersen e Crochet, 2013a).

Há cerca de 60 anos, Mountcastle propôs que o córtex é um conglomerado de colunas corticais verticais independentes (Mountcastle e outros, 1957). Uma coluna cortical é frequentemente considerada uma estrutura perpendicular com uma fronteira definida que contém células com a mesma sintonização para uma determinada caraterística saliente do campo recetivo. Ela tem sido proposta como a estrutura subjacente na tentativa de explicar a organização cortical (Feldmeyer et al., 2013). Douglas e Martin propuseram uma via excitatória principal como um microcircuito colunar canónico (Douglas e Martin, 2004). Embora não exista um mecanismo genético universal de origem para a coluna cortical, nem uma estrutura única (Feldmeyer et al., 2013), poderíamos ainda defini-la como tendo um campo recetivo partilhado e conexões periódicas intra e intercorticais (Horton e Adams, 2005).

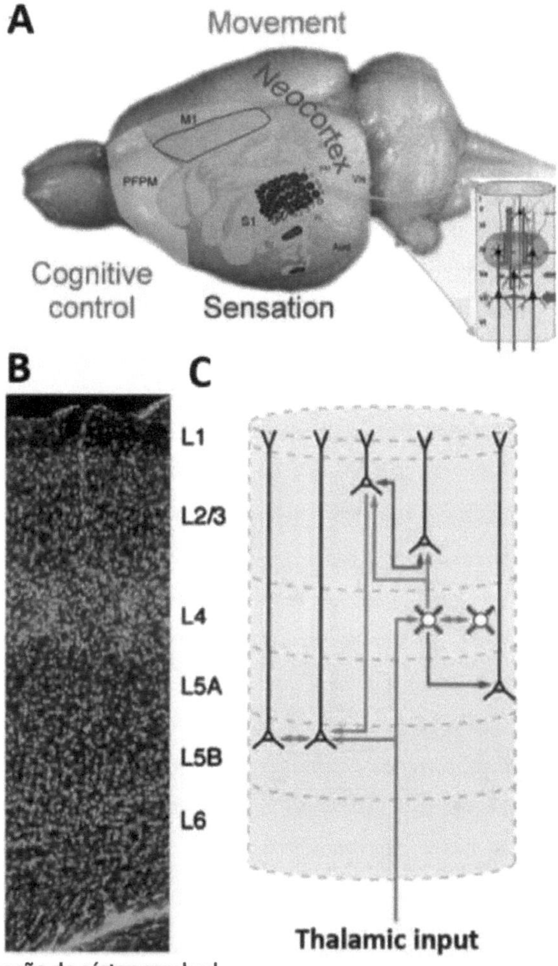

Figura 1. A organização do córtex cerebral.

A. Localização do córtex somatossensorial e motor, e áreas de controlo cognitivo superior no cérebro do rato com um exemplo de uma coluna cortical (adaptado de Feldmeyer et al., 2013). **B.** Imagem confocal de um núcleo corado com DAPI (ciano) a partir de um único plano na coluna do barril C2 (adaptado de Crochet e Petersen, 2013). C. Esquema dos circuitos corticais (adaptado de Feldmeyer et al., 2013).

2.2. Mapa de plasticidade no córtex do barril

Plasticidade neuronal e seus mecanismos

Os córtices sensoriais são construções dinâmicas sujeitas a eventos de plasticidade em resposta a experiências comportamentalmente relevantes, que se manifestam como uma modificação nas respostas neurais ao mesmo estímulo sensorial (Blake et al., 2006). De facto, sabe-se que as alterações na utilização de diferentes inputs sensoriais modificam os mapas corticais (Glazewski e Barth, 2015). Isto inclui o córtex somatossensorial, onde a neuroplasticidade tem sido demonstrada numa variedade de paradigmas experimentais (Bieszczad et al., 2013; Buonomano e Merzenich, 1998; Galvez, 2006), ou devido a experiências sensoriais passivas e até lesões periféricas (Hofer et al., 2009; Holtmaat e Svoboda, 2009; Trachtenberg et al., 2002). Os eventos de plasticidade prolongam-se até à idade adulta (Gilbert et al., 2001), juntamente com alterações nos mapas topográficos (Ohl e Scheich, 2005; Sur, 2005). No entanto, em animais adultos, a plasticidade ocorre predominantemente nas camadas 2/3 e 5 (Diamond et al., 1994; Stern et al., 2001).

Os mecanismos de plasticidade tendem a ser definidos como seguindo as regras de plasticidade hebbiana, que tendem a modificar as propriedades da rede, e as homeostáticas, que tendem a preservar a estabilidade da rede (Turrigiano e Nelson, 2000) (**Fig. 2A**). Existem dois processos mecanicamente distintos de plasticidade hebbiana. O primeiro é o processo ativo de enfraquecimento induzido pela privação das sinapses da camada 4 para as sinapses da camada 2/3, provavelmente causado por estímulos de entradas concorrentes (Glazewski e Fox, 1996), (Pologruto, 2004) com depressão a longo prazo (LTD) como um provável mecanismo fisiológico subjacente (Bender, 2006). O segundo processo independente de plasticidade hebbiana é o aumento das respostas ao bigode poupado e uma expansão correspondente do respetivo mapa cortical (Maier et al., 2003), seguindo o princípio de "neurónios que disparam juntos, ligam-se juntos". Um possível substrato para esta forma de plasticidade é a potenciação cortical a longo prazo (LTP) (Bender, 2006). Existem substratos fisiológicos para a plasticidade cortical para além da LTP e da LTD, como o recrutamento de um grande conjunto de neurónios silenciosos caracterizados por taxas de disparo muito baixas (Margrie et al., 2002). De facto, uma sinapse mais fraca tem maior probabilidade de potenciar do que uma sinapse já forte, dada a gama dinâmica neuronal natural (Margolis et al., 2012).

No entanto, há certas formas de plasticidade que não podem ser explicadas pelas regras hebbianas, como a regulação homeostática não competitiva. Em geral, a homeostase das taxas de disparo neuronal tende a ser preservada, caso contrário os circuitos neuronais não seriam capazes de preservar a sua estabilidade (Turrigiano e Nelson, 2000). Os mecanismos de plasticidade celular homeostática ocorrem em paralelo com os mecanismos hebbianos. Por exemplo, a redução das respostas dos respondedores altos e o aumento dos respondedores baixos está de acordo com o princípio da regulação homeostática não competitiva (Margolis et al., 2012). Um mecanismo homeostático também seria o encolhimento da representação cortical da vibrissa ativada após estimulação passiva prolongada, com o objetivo de reduzir as respostas neuronais a entradas somatossensoriais comportamentalmente irrelevantes (Welker et al., 1992). Outra forma de plasticidade não-hebbiana é a afinação dos campos receptivos na camada 2/3 após uma exposição a ambientes enriquecidos, ou durante a excitação e a exploração aguda (Castro-Alamancos, 2004; Polley et al., 1999). Além disso, a força sináptica excitatória pode ser escalonada, de modo a que as forças relativas permaneçam constantes, preservando a atividade dentro de uma gama funcional (Turrigiano, 2008). Além disso, o condicionamento do medo aumenta as respostas nos córtices sensoriais primários, acentuando a codificação de populações esparsas e reduzindo a atividade total da rede (Gdalyahu et al., 2012). Em resumo, há uma variedade de mecanismos de plasticidade hebbianos e não hebbianos que ocorrem de forma síncrona e ainda não foram totalmente elucidados.

Aprendizagem perceptiva no córtex sensorial primário

A adaptação comportamental adequada ao contexto de um ambiente em constante mudança garante a sobrevivência e é conseguida através da aprendizagem contínua. Assim, a aprendizagem pode ser definida como a capacidade de prever as consequências do comportamento e depende da medida em que essas previsões são erróneas, terminando quando os resultados se tornam totalmente previsíveis (Hollerman e Schultz, 1998). Pensa-se que as modificações plásticas do funcionamento sináptico e/ou das vias neuronais são os mecanismos neuronais subjacentes à aprendizagem (Crist et al., 2001; Rosselet et al., 2011). Assim, gerar uma representação comportamentalmente útil do mundo externo requer uma interação entre a ativação sensorial e a plasticidade cortical, que segue regras ao nível da rede (Kilgard et al., 2002). Neste ponto, centrar-nos-emos na aprendizagem perceptiva, que consiste em melhorar a acuidade perceptiva do organismo através do treino, provocando modificações a longo prazo no sistema nervoso, a fim de melhor se adaptar às exigências do mundo exterior. A aprendizagem perceptiva consiste na extração de informações anteriormente não utilizadas e evolui em quatro fases: ponderação da atenção, impressão, diferenciação e unitização (Goldstone, 1998). Na ponderação da atenção, a perceção torna-se sintonizada com as dimensões importantes dos estímulos relevantes. No imprinting são desenvolvidos receptores especializados para os estímulos específicos ou para algumas das suas caraterísticas. Durante a diferenciação, os estímulos anteriormente indistinguíveis tornam-se separados. Finalmente, na unitização, o organismo pode detetar uma construção complexa como uma caraterística única (Goldstone, 1998).

Memória no córtex sensorial primário

Até há pouco tempo, pouco se investigou sobre a capacidade do córtex sensorial primário para armazenar a memória (Weinberger, 2004), uma vez que era visto apenas como um retransmissor de informação sensorial. Para provar que houve formação de memória, deve haver uma mudança neural que se correlacione com os parâmetros comportamentais da aprendizagem. De facto, há cada vez mais provas de que os córtices sensoriais primários podem adquirir e armazenar a memória de estímulos sensoriais relevantes para o comportamento. Além disso, a remodelação no córtex sensorial primário é suficiente para formar memórias comportamentais específicas (Bieszczad et al., 2013). Esta forma de plasticidade tem as caraterísticas da memória associativa, nomeadamente é rapidamente adquirida, consolida-se e perdura por períodos de tempo mais longos. É importante salientar que estas alterações dependentes da experiência em áreas corticais primárias serão específicas das caraterísticas do estímulo sensorial saliente utilizado numa tarefa (Kilgard et al., 2002), e a aprendizagem não é transferível para outros parâmetros de estímulos (Ahissar e Hochstein, 1993; Karni e Sagi, 1991). É importante sublinhar que a plasticidade no sistema sensorial que se desenvolve durante a aprendizagem não confirma que a aprendizagem e a memória tenham efetivamente ocorrido (Weinberger, 2004).

Mapas corticais e aprendizagem

Os campos receptivos do córtex sensorial primário podem ser alterados por experiências de aprendizagem de uma forma rápida (Siucinska e Kossut, 1996a), com a região alargada a corresponder precisamente ao input sensorial treinado (Bieszczad e Weinberger, 2010a; Roelfsema et al., 2010). Inversamente, a plasticidade do mapa cortical aumenta a aprendizagem perceptiva (Reed et al., 2011). A extensão da plasticidade do mapa topográfico está correlacionada com o grau de acuidade sensorial e de aprendizagem (Polley, 2006; Recanzone et al., 1993), embora alguns estudos não tenham encontrado uma relação proporcional entre o aumento do desempenho e os mapas sensoriais (Molina-Luna et al., 2008; Yotsumoto et al., 2008). O aumento é transitório, uma vez que, após a expansão inicial do campo recetivo, há um encolhimento e refinamento através da seleção das redes neuronais mais eficientes necessárias para completar a tarefa (Gdalyahu et al., 2012; Takahashi et al., 2011a). No entanto, este desvanecimento subsequente da plasticidade do mapa cortical não prejudica o desempenho em tarefas orientadas para os sentidos, pelo contrário, já não é necessário para manter um comportamento bem sucedido (Reed et al., 2011). Em resumo, a plasticidade do mapa parece ser transitoriamente relevante em termos funcionais para a aprendizagem durante as suas fases iniciais.

A plasticidade é regulada por sinais descendentes ou ascendentes?

Uma questão crucial é saber se a plasticidade do córtex sensorial primário é determinada por influências ascendentes ou descendentes. O córtex do barril é um sistema muito adequado para estudar a aprendizagem guiada por estímulos sensoriais, uma vez que se situa numa confluência de estímulos sensoriais ascendentes provenientes das vibrissas e de estímulos descendentes provenientes de áreas cerebrais envolvidas em funções cognitivas. Os animais adultos expostos passivamente a estímulos sensoriais não desenvolvem plasticidade no campo recetivo (Polley, 2006). Do mesmo modo, a plasticidade também não se verifica se os sinais internos, como a estimulação eléctrica ou a libertação de neuromoduladores, não estiverem temporalmente emparelhados com os estímulos sensoriais. De facto, foi demonstrado que as exigências da tarefa influenciam as respostas já ao nível do córtex sensorial primário (Ahissar et al., 1992; Crist et al., 2001). Além disso, as tarefas que exigem a atenção a uma caraterística diferente dos mesmos estímulos resultam em diferentes especificidades de alterações plásticas, indicando assim uma interação mútua das influências de cima para baixo e de baixo para cima (Ahissar e Hochstein, 1993; Fritz, 2005; Polley, 2006). O papel dos inputs top-down específicos da tarefa pode ser o de modificar a representação de uma única caraterística de forma a não perturbar outras representações de caraterísticas já integradas na mesma rede neuronal (Polley, 2006).

A influência da neuromodulação na aprendizagem

A neuroplasticidade cortical parece ser condicionada pelo estado comportamental do animal, que, por sua vez, é influenciado pela libertação de vários neuromoduladores (Ahissar e Hochstein, 1993; Recanzone et al., 1993). De facto, foi demonstrado que os neuromoduladores desempenham um papel significativo na formação de mapas corticais após o envolvimento em tarefas sensoriais, assinalando o estado interno e a relevância dos estímulos externos (**Fig. 2B**). Por exemplo, a dopamina é libertada quando o momento ou a ocorrência de uma recompensa são inesperados (Hollerman e Schultz, 1998), contribuindo assim para a aprendizagem relacionada com a recompensa. A libertação de acetilcolina é necessária para a indução e expressão da plasticidade do mapa cortical (Ji et al., 2001; Shulz et al., 2003; Yan e Zhang, 2005) e desempenha um papel na determinação do seu grau e direção (Kilgard et al., 2001). Além disso, sabe-se que a ativação da atenção através do neuromodulador acetilcolina desempenha um papel na plasticidade do campo recetivo (Shulz et al., 2003). De facto, o antagonista colinérgico pode bloquear tanto a aprendizagem como a expansão do mapa (Conner et al., 2005). Foi demonstrado que as alterações de plasticidade induzidas pela noradrenalina induzem alterações nas respostas sensoriais e melhoram a perceção sensorial a longo prazo (Martins e Froemke, 2015). Em resumo, os neuromoduladores são um componente crucial dos eventos de plasticidade cortical.

O papel da camada 2/3 na aprendizagem sensorial

A codificação esparsa nas camadas supragranulares do córtex do barril fornece uma boa estrutura para a aprendizagem associativa, uma vez que seu esquema de codificação simples pode ser fácil de interpretar por outras funções cerebrais e eles recebem uma riqueza de entradas sinápticas sublimiares (Petersen e Crochet, 2013b). Os neurónios da camada 2/3 são particularmente adequados para estudar a interação entre a neuroplasticidade e o processamento sensorial, uma vez que as suas propriedades funcionais são fortemente reguladas pelo estado comportamental do animal (Kato et al., 2015; Petersen e Crochet, 2013b). Mesmo períodos muito breves de atividade em alguns neurónios piramidais corticais supragranulares podem conduzir a decisões perceptivas e à aprendizagem (Huber et al., 2008).

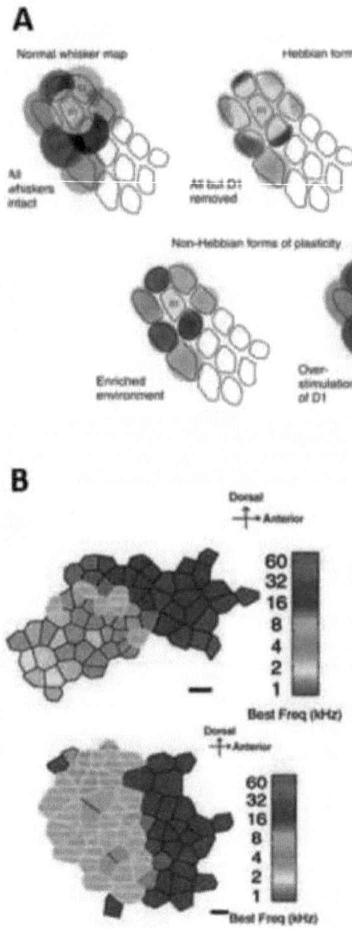

Figura 2. Plasticidade dos mapas corticais.

A. Exemplos de plasticidade hebbiana e não hebbiana no córtex do barril (adaptado de Feldman e Brecht, Science 2005). **B.** Um exemplo de reconfiguração do mapa através do emparelhamento de tons com libertação de neuromoduladores (adaptado de Kilgard et al. 2002).

2.3. Processamento de sinais no córtex do barril

O córtex do barril

Os roedores utilizam as suas vibrissas como um canal importante para recolher informações sobre o que os rodeia, assegurando assim a sua sobrevivência (Diamond e Arabzadeh, 2013a). A utilização dos bigodes tem sido empregue numa variedade de tarefas experimentais guiadas pelos sentidos, como a discriminação de texturas, a discriminação de frequências, o julgamento de distâncias ou larguras de aberturas, ou orientações de superfícies, a posição de objectos, etc. (Adibi et al., 2012; Diamond e Arabzadeh, 2013a; Knutsen, 2006; Mayrhofer et al., 2013). Mesmo um bigode é suficiente para identificar a localização de um objeto, combinando o toque e o movimento (Mehta et al., 2007). A remoção dos bigodes ou mesmo o corte dos bigodes resulta numa diminuição do equilíbrio, da locomoção e da discriminação de superfícies (Simons, 1978). No roedor, os bigodes são tanto sensores como efetores (Mehta et al., 2007). A perceção mediada pelos bigodes pode resultar do facto de o roedor mover ativamente os seus bigodes para a frente e para trás para procurar o contacto com objectos (modo generativo), ou de o roedor imobilizar os seus bigodes para recolher sinais (modo recetivo) (Diamond e Arabzadeh, 2013a). Se um bigode for desviado pelo experimentador durante a vigília silenciosa, há uma resposta cortical forte, por oposição a uma resposta fraca obtida durante o movimento ativo do bigode (Hentschke, 2005; Petersen, 2007).

O córtex somatossensorial tem excelentes capacidades funcionais e uma organização anatómica e fisiológica para examinar a forma como os estímulos são codificados (Arabzadeh et al., 2003). Isto deve-se à sua organização estrutural distinta, em que cada região ou "barril", visualizado na camada 4 pela atividade da citocromo oxidase, corresponde à entrada sensorial de uma única vibrissa, com a disposição dos bigodes a corresponder um a um com a disposição dos barris, formando assim um mapa preciso (**Fig. 3A** e **B**).

A informação sensorial orienta o comportamento, servindo de ponto de partida para o controlo motor e o planeamento de acções futuras (Petersen, 2007). Os sistemas motor e somatossensorial estão estreitamente interligados em roedores ao nível do tronco cerebral, do tálamo e do córtex, numa série de circuitos aninhados (Kinnischtzke et al., 2013; Mehta et al., 2007). A integração sensório-motora tem lugar em todos estes três níveis, com o córtex motor primário e o córtex somatossensorial a estarem reciprocamente ligados (Kinnischtzke et al., 2013). Quando o córtex motor é ativado, surgem inibições e excitações substanciais no córtex somatossensorial, que, por sua vez, influenciam alterações dependentes do estado no córtex somatossensorial (Kinnischtzke et al., 2013).

Codificação esparsa e camada 2/3

A informação sensorial tende a ser processada por um pequeno número de neurónios activos numa grande população neuronal (codificação esparsa), porque um pequeno subconjunto de neurónios excitatórios dispara a maioria dos potenciais de ação, enquanto a restante população neuronal permanece silenciosa (Hromádka et al., 2008; Kerr et al., 2005; O'Connor et al., 2010; Yassin et al., 2010). Esta forma de processar a informação sensorial oferece várias vantagens. Em primeiro lugar, poupa energia ao diminuir o spiking, que tem uma carga metabólica elevada (Attwell e Laughlin, 2001; Gdalyahu et al., 2012; Lennie, 2003). Em segundo lugar, maximiza a capacidade de formar memórias associativas devido a um menor potencial de interação entre padrões de disparo, oferecendo assim um substrato plausível para a expressão das regras de aprendizagem hebbiana (Palm, 2013). Em terceiro lugar, permite que dados complexos sejam representados numa leitura mais fácil para áreas corticais superiores (Olshausen e Field, 2004).

Apesar de a maioria dos neurónios excitatórios da camada 2/3 receberem input sináptico, continuam a disparar de forma esparsa (**Fig. 3C** e **D**). Uma variedade de métodos diferentes demonstrou que as frequências de disparo entre os neurónios da camada 2/3 tendem a ser consistentemente baixas em diferentes áreas cerebrais. Os registos justa-celulares no córtex do barril de ratos fixados na cabeça têm uma taxa média de estimulação de 0,28 Hz (De Kock et al., 2007; de Kock e Sakmann, 2009). As gravações de células inteiras no córtex do barril do rato apresentam uma taxa média de disparo de 0,61 Hz (Poulet e Petersen, 2008). As imagens de dois fotões no córtex visual do rato revelaram uma taxa de disparo média de 0,44 Hz (Greenberg et al., 2008). Por último, os registos de células inteiras do córtex motor do membro posterior de ratos em movimento livre apresentaram taxas de disparo de 0,3 Hz (Lee et al., 2006). Isto deve-se em parte à ativação dependente do estado dos neurónios inibitórios, uma vez que o seu silenciamento leva a um aumento dos disparos (Atallah et al., 2012; Gentet et al., 2010) e incita à competição entre os neurónios excitatórios (Mateo et al., 2011). É provável que isto se deva à forte atividade neuronal dos interneurónios inibitórios da parvalbumina (Petersen e Crochet, 2013a). Uma contribuição parcial para a codificação esparsa nesta camada pode ser o facto de as células terem um potencial de repouso mais hiperpolarizado devido a uma entrada de feed forward dos neurónios GABAérgicos L4 (Lefort et al., 2009). Curiosamente, a escassez é modulada por uma variedade de factores, como o estado do cérebro, o desenvolvimento ou a experiência (Gentet et al., 2010). Por exemplo, o condicionamento do medo aumenta a codificação esparsa (Gdalyahu et al., 2012).

Processamento de sinais sensoriais no córtex barril

O mesmo estímulo sensorial pode produzir uma variedade de respostas neuronais diferentes, resultando numa variabilidade de tentativa para tentativa no cenário experimental que pode ser causada por ruído intrínseco estocástico sem significado ou por sinais significativos de outras regiões cerebrais (London et al., 2010). Independentemente da variedade na representação neuronal dos estímulos sensoriais, os roedores continuam a reconhecer e a discriminar objectos, texturas, localizações, etc., de forma rápida e precisa. Na representação neuronal da vibração, a propriedade de disparo mais saliente é a taxa de disparo, o que impossibilita que os roedores sintam caraterísticas elementares do estímulo (Adibi et al., 2012). Assim, o animal avaliará a frequência de um estímulo pelo número integrado de contagens de picos por tentativa no córtex somatossensorial primário (Lak et al., 2010; London et al., 2010; Luna et al., 2005). Em consonância com este facto, o animal sobrestima a intensidade do estímulo se lhe for adicionado ruído, uma vez que isso resultará num aumento das taxas de disparo (Adibi et al., 2012), (Lak et al., 2007, 2010). No entanto, os estímulos que estão emparelhados em termos de intensidade não podem ser discriminados (Gerdjikov et al., 2010). Isto deve-se ao facto de a perceção sensorial mediada pelos bigodes codificar não a frequência ou a amplitude, mas a velocidade média absoluta do movimento do bigode, que é proporcional ao produto da amplitude e da frequência (Adibi et al., 2012; Arabzadeh et al., 2003; Gerdjikov et al., 2010).

Inibição e excitação no córtex

Uma caraterística universal dos microcircuitos neocorticais é o facto de uma matriz densa de células inibitórias se estender sobre as células piramidais locais (**Fig. 3E**) (Packer e Yuste, 2011). Pensa-se que as células inibitórias actuam localmente (por isso denominadas interneurónios), enquanto as células excitatórias transmitem informações a outras áreas cerebrais (Lak et al., 2010). Embora os neurónios neocorticais GABAérgicos representem apenas 15% da população neuronal, desempenham um papel fundamental na formação da atividade neocortical. Disparam uma ordem de grandeza maior do que os neurónios excitatórios e recebem uma entrada sináptica mais forte (Gentet et al., 2010; Mateo et al., 2011; Reyes-Puerta et al., 2014), o que dá origem a uma quantidade total de disparos bastante igual entre neurónios excitatórios e inibitórios na camada 2/3 (Petersen e Crochet, 2013a). Além disso, na camada 2/3, as células excitatórias recebem input sináptico de cerca de 30 outras células piramidais e essas ligações são fracas, enquanto as ligações entre células excitatórias e inibitórias tendem a ser 10 vezes mais numerosas e as interações mais fortes (Avermann et al., 2012; Holmgren et al., 2003). Estas ligações fortes entre neurónios excitatórios e inibitórios ajudam provavelmente a equilibrar a excitação e a inibição corticais (Mateo et al., 2011). Este equilíbrio parece ser conseguido através da sincronização das suas actividades e da manutenção de uma correlação de força (Okun e Lampl, 2008).

Comunicação inter-hemisférica e respostas ipsilaterais

Os roedores precisam de integrar continuamente a informação bilateral das vibrissas para comparar distâncias, largura de aberturas, etc. (Shuler et al., 2001). Uma vez que as vias subcorticais são mantidas separadas da periferia para o córtex sensorial primário, a comparação das entradas sensoriais bilaterais ocorre em S1 (Chiaia et al., 1991; Krupa et al., 2001; Li, 2005; Shuler et al., 2001) (**Fig. 3F**). No neocórtex, a comunicação inter-hemisférica é conseguida através do corpo caloso, que é composto por fibras axonais das camadas 2/3 , 5 e 6 (Li, 2005; Palmer et al., 2012; Ramos et al., 2008) e projecta-se principalmente para uma área cerebral topográfica (Cauller et al., 1998; Zhou et al., 2013). Além disso, foi sugerido que as entradas calosas são separadas das entradas talâmicas no córtex sensorial primário (Li, 2005). Pensa-se que as fibras transcalosas medeiam a inibição inter-hemisférica, que influencia o controlo motor fino, a destreza bilateral, a atenção visuoespacial, o processamento somatossensorial e a rivalidade cortical (Palmer et al., 2012). É interessante notar que a aprendizagem é transferida para a região homotópica do outro hemisfério (Harris e Diamond, 2000). Os neurónios do barril respondem melhor às simulações dos bigodes contralaterais, mas apresentam respostas à estimulação dos bigodes ipsilaterais, cujos sinais atravessam o corpo caloso (Shuler et al., 2001). Até agora, as respostas ipsilaterais têm sido registadas como potenciais de campo locais evocados (LFP) e como picos na camada 5 (Li, 2005), (Shuler et al., 2001).

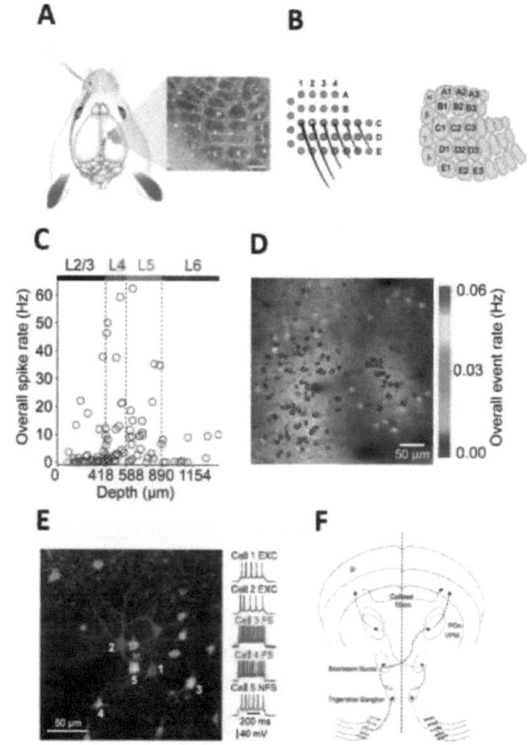

Figura 3. Processamento de sinais no córtex do barril.

A. Desenho esquemático do cérebro de roedores com as vias neuronais desde os bigodes até ao córtex do barril contralateral com uma imagem do campo do barril (adaptado de Knott et al., 2002). **B.** A disposição dos bigodes reflecte-se na organização do córtex do barril (adaptado de Aronoff et al. 2010). **C.** A profundidade das camadas corticais com a sua taxa global de picos (adaptado de Petersen e Crochet, 2013b). **D.** Imagens de cálcio de dois fotões do córtex do barril L2/3, as cores dos neurónios correspondem à sua atividade média (taxa de eventos) (adaptado de Petersen e Crochet, 2013b). **E.** Pilha de imagens de dois fotões mostrando 2 células excitatórias (EXC) e 3 células inibitórias (FS, NFS) (adaptado de Avermann et al. 2011). **F.** Desenho esquemático das conexões sinápticas da almofada do bigode, através do gânglio trigeminal, núcleos do tronco cerebral, tálamo chegando ao córtex somatossensorial primário (S1) e as conexões calosas entre os dois hemisférios (adaptado de Shuler et al., 2001).

2.4. Comportamento

O paradigma da escolha forçada de duas alternativas

O paradigma Go-NoGo é frequentemente utilizado em roedores com cabeça fixa (Stüttgen e

Schwarz, 2008a), mas o paradigma de escolha forçada com duas alternativas (2-AFC) oferece várias vantagens em comparação. Pode distinguir três categorias de respostas comportamentais, nomeadamente "correto", "erro" e "falha". Ao responder, pode fazer uma escolha correta ou incorrecta ("erro") e pode também não responder ("falha"), mostrando desinteresse pela tarefa. Em contrapartida, na tarefa Go-NoGo, é apresentado ao animal um estímulo reforçado positivamente, em que tem de responder, ou um estímulo reforçado negativamente, em que tem de reter uma resposta. Por conseguinte, na tarefa Go-NoGo não é possível distinguir uma falta de motivação ou lapsos de atenção de rejeições falsas e corretas. Em contrapartida, a tarefa 2-AFC consegue distinguir entre o desinteresse pela tarefa e uma resposta incorrecta. Uma outra vantagem de uma tarefa de discriminação de escolha forçada com duas alternativas, em relação a uma tarefa Go-NoGo, é que o animal não julga um único estímulo, mas tem de identificar qual dos dois estímulos é o alvo, tratando assim os estímulos como eventos no espaço externo (Diamond e Arabzadeh, 2013a). Foi sugerido que os ratos podem realizar tarefas Go-NoGo mesmo sem um córtex, uma vez que a informação é transferida diretamente das áreas sensoriais subcorticais para as áreas motoras. Em contrapartida, uma tarefa de escolha forçada com duas alternativas tem mais probabilidades de envolver o córtex (Diamond e Arabzadeh, 2013a). Uma tarefa Go-NoGo é mais suscetível de se basear no comportamento reflexivo habitual de lamber e na impulsividade, tanto mais que os animais privados de liberdade são mais propensos a comportamentos impulsivos. Em contrapartida, uma tarefa de escolha forçada com duas alternativas envolve provavelmente decisões sensoriais orientadas para um objetivo (Diamond e Arabzadeh, 2013a), e o animal pode obter a recompensa em cada tentativa, o que não pode acontecer na tarefa Go-NoGo. Nas nossas experiências, o treino de ratos e ratazanas na tarefa comportamental 2-AFC demorou, em média, 14 dias até se atingir um nível elevado de desempenho na tarefa de deteção. Isto é aproximadamente o dobro do tempo que os animais demoram a aprender a detetar num paradigma Go/NoGo (Sachidhanandam et al., 2013), (Huber et al., 2012). Este prolongamento da fase de aprendizagem pode ser explicado pelo facto de o animal demorar mais tempo a fazer uma associação com um estímulo do que a lamber um dos dois bicos disponíveis na tarefa 2AFC, pelo que a complexidade da tarefa prolonga a aprendizagem. Os animais podem desenvolver um enviesamento da resposta em ambos os paradigmas (para uma revisão das diferentes estratégias da tarefa, ver (Stüttgen, 2011)), mas este pode ser facilmente corrigido na tarefa 2AFC através da implementação de um algoritmo de correção do enviesamento (Knutsen, 2006). Em resumo, o paradigma 2-AFC oferece várias vantagens para a investigação do processamento neuronal dependente do estado comportamental.

Deteção e discriminação no córtex sensorial primário

Foi demonstrado que o córtex sensorial primário tem um papel causal tanto nas tarefas de deteção (Sachidhanandam et al., 2013) como de discriminação (Krupa et al., 2001). Curiosamente, mesmo no caso em que a deteção e a discriminação têm a mesma diferença de amplitude, os roedores são melhores na discriminação (Adibi e Arabzadeh, 2010). A informação sensorial disponível e, por conseguinte, o desempenho psicofísico, é limitado pela sensibilidade dos neurónios individuais numa dada população, pelas correlações de ruído entre eles e pela quantidade de ruído nas fases de decisão (Cohen e Newsome, 2009). Se houver incerteza sobre a localização espacial, a frequência ou o momento do estímulo, o desempenho psicofísico é afetado (Stüttgen e Schwarz, 2008a). Curiosamente, os neurónios isolados podem ter um desempenho melhor na tarefa do que o animal que se comporta, no entanto, a perceção dos eventos sensoriais pode basear-se na ocorrência de picos em quatro a cinco neurónios (Stüttgen e Schwarz, 2008a). É importante sublinhar que a relação entre a sensibilidade neuronal e o desempenho psicofísico pode ser diferente em diferentes tipos de tarefas de discriminação (Britten et al., 1992; Cohen e Newsome, 2009; Purushothaman e Bradley, 2005) e/ou em diferentes modalidades sensoriais (Matsumora et al., 2008; Stüttgen e Schwarz, 2008a).

A janela de tempo para avaliar os estímulos sensoriais tem de ser muito curta, na ordem das dezenas de milissegundos, uma vez que existe uma pressão evolutiva para reagir rapidamente a fim de evitar um perigo potencial (Stüttgen e Schwarz, 2008a). Por exemplo, os macacos demoram apenas algumas centenas de milissegundos a decidir sobre uma tarefa psicofísica (Cohen e Newsome, 2009). O tempo necessário para o rato integrar a informação obtida a partir do movimento do bigode pode ser tão curto como apenas 25 milissegundos (Stuttgen e Schwarz, 2010). No entanto, o desempenho aumenta com o tempo, o que sugere que a informação pode ser acumulada ao longo do tempo (Stuttgen e Schwarz, 2010).

2.5. Imagem de dois fotões

Imagem de dois fotões dos sinais de cálcio nos neurónios

A imagiologia com dois fotões revolucionou a neuroimagem, uma vez que permite a obtenção de imagens ópticas com resolução celular da estrutura e da função das populações neuronais (Denk et al., 1990). É mais frequentemente realizada nas camadas corticais supragranulares, uma vez que a imagiologia abaixo de 400 μm apresenta um desafio técnico (Mittmann et al., 2011). Os neurónios utilizam o cálcio como um importante mensageiro intracelular. Após a ativação da célula, a concentração interna de cálcio aumenta de 50-100nM para até cem vezes mais (Grienberger e Konnerth, 2012a). Esta entrada de cálcio desencadeia a exocitose de vesículas sinápticas que contêm neurotransmissores e, por conseguinte, desempenha um papel na plasticidade sináptica dependente da atividade. Os canais de cálcio dependentes de voltagem são responsáveis por alterações rápidas da concentração de cálcio e, por conseguinte, servem como uma aproximação da atividade de disparo neuronal (Grewe et al., 2011; Kerr et al., 2007). Se as taxas de disparo forem baixas, o sinal de cálcio presumivelmente aumenta linearmente com o spiking, mas à medida que as taxas de disparo aumentam; o aumento do cálcio pode levar os indicadores à saturação (Lütcke et al., 2013a). Um importante avanço técnico no domínio da imagiologia de dois fotões veio do laboratório de Roger Tsien com a descoberta de indicadores de cálcio geneticamente codificados (GECIs) (Miyawaki et al. 1997). Os GECIs são compostos por um ou dois fluoróforos e, no caso de dois, tiram partido do mecanismo de transferência de energia por ressonância de fluorescência (FRET) para assinalar alterações nos níveis de cálcio (**Fig. 4A**). Produzem um sinal ratiométrico que mede a alteração relativa entre o sinal do aceitador e do dador, sendo por isso menos suscetível a artefactos de movimento (Yassin et al., 2010). Uma vez que os GECIs permitem a obtenção de imagens funcionais ao longo de meses, a preparação da janela craniana crónica estabeleceu-se como um meio de realizar imagens a longo prazo (**Fig. 4B** e **C**) (Holtmaat e Svoboda, 2009).

Imagiologia do cálcio em animais acordados

Várias técnicas de registo foram adaptadas com êxito a roedores acordados, tais como registos de unidades extracelulares, registos de células inteiras, imagens de corantes sensíveis à voltagem e microscopia de dois fotões (Petersen, 2007). A imagem de dois fotões, como técnica relativamente não invasiva e em combinação com indicadores de cálcio, tornou-se uma das ferramentas padrão para monitorizar a atividade neuronal (Helmchen e Denk, 2005; Svoboda e Yasuda, 2006). O desenvolvimento da preparação de fixação da cabeça, seguido de habituação à restrição da cabeça, permitiu a obtenção de imagens em roedores com comportamento acordado e foi adaptado com êxito a uma variedade de paradigmas (**Fig. 4D** e **E**) (Andermann, 2010a; Dombeck et al., 2007; Huber et al., 2012; Komiyama et al., 2010). É importante notar que este método evita o enviesamento da amostragem, uma vez que capta imagens de todos os neurónios num respetivo campo de imagem, em vez de captar amostras de neurónios com base na sua atividade, como acontece na eletrofisiologia (Gerhard et al., 2011). É possível atribuir cada sinal neuronal ao seu neurónio correspondente, uma vez que este método fornece informação espacial, permitindo assim medir também distâncias espaciais e analisar padrões de atividade (Andermann, 2010a; Lütcke et al., 2013a; Margolis et al., 2012). A mesma população de neurónios pode ser visualizada ao longo de meses para estudar a plasticidade e/ou a estabilidade (Huber et al., 2012; Margolis et al., 2012; Mayrhofer et al., 2015a), uma vez que as alterações ao nível dos neurónios individuais podem ser seguidas ao longo dos dias (Lütcke et al., 2013b). A informação espácio-temporal que este método fornece oferece uma visão inestimável dos microcircuitos corticais no animal acordado (Kerr et al., 2005). Do mesmo modo, a imagem de dois fotões permite um maior poder estatístico, uma vez que é possível efetuar medições a longo prazo a partir da mesma população neuronal, dando origem a mais ensaios por neurónio (Andermann, 2010a; Lütcke et al., 2013b; Margolis et al., 2012).

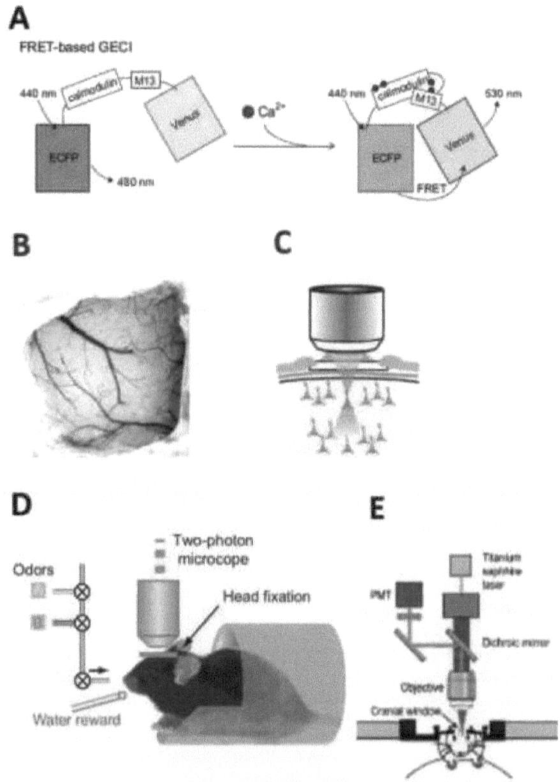

Figura 4. Imagens de cálcio de dois fótons em animais comportamentais acordados.

A. Esquema de um mecanismo FRET num GECI (adaptado de Grienberg et al. 2012) **B.** Imagem de uma janela craniana do animal m2. **C.** Esquema da excitação de tow-photon através de uma janela craniana (adaptado de Lütcke et al. 2013). **D.** Exemplo de imagens de dois fotões em animais com comportamento acordado (adaptado de Komiyama et al.2010). **E.** Exemplo de imagens de dois fotões em animais que se comportam em estado de vigília (adaptado de Dombeck et al. 2007).

3. Projeto 1: Novo paradigma de escolha forçada com duas alternativas para a discriminação bilateral de frequências vibrotácteis de bigodes em ratos e ratazanas fixados à cabeça

3.1. Resumo

Os ratos e ratazanas recebem um fluxo bilateral constante de informação tátil através das suas grandes vibrissas mistas quando navegam no seu ambiente. Num paradigma de escolha forçada com duas alternativas (2-AFC), ratos e ratazanas fixados à cabeça aprenderam a discriminar frequências vibrotácteis aplicadas simultaneamente a bigodes individuais nos lados esquerdo e direito do focinho. Ratos e ratazanas discriminaram estímulos pulsáteis de 90 Hz de estímulos pulsáteis com frequências de repetição mais baixas (10-80 Hz) mas com propriedades cinemáticas idênticas em cada impulso. As curvas psicométricas revelaram um limiar percetivo médio de 50,6 Hz e 53,0 Hz de diferença de frequência, correspondendo a fracções de Weber de 0,56 e 0,58 em ratos e ratazanas, respetivamente. Ambas as espécies realizaram >400 ensaios por dia (>200 ensaios por sessão, 2 sessões/dia), com um desempenho máximo de >90% de respostas corretas. Em geral, os ratos e as ratazanas treinados numa tarefa idêntica apresentaram curvas psicométricas comparáveis. As leituras comportamentais, como os tempos de reação, as taxas de aprendizagem, as omissões de ensaios e a impulsividade, também foram muito semelhantes nas duas espécies. Para além disso, o facto de os animais serem assobiados antes da apresentação do estímulo reduziu o desempenho da tarefa. Este paradigma comportamental, combinado com o rastreio da posição do bigode, permite um controlo preciso do estímulo na tarefa 2-AFC para roedores fixados à cabeça. É compatível com as técnicas de registo neurofisiológico mais avançadas, como a eletrofisiologia e a imagem de dois fotões, e representa, portanto, um quadro valioso para investigações neurofisiológicas da tomada de decisões perceptivas.

3.2. Introdução

As ratazanas e os ratos são animais noturnos que utilizam o seu conjunto de bigodes móveis para explorar e navegar no ambiente. Estes sensores tácteis permitem aos roedores adquirir informações sensoriais sobre o mundo que os rodeia. Vários estudos, maioritariamente realizados em ratos, referem que os roedores são capazes de discriminar diferentes texturas (Carvell e Simons, 1990; Morita et al., 2011), o tamanho das aberturas (Krupa et al., 2001), o tamanho dos espaços (Jenkinson e Glickstein, 2000) e a posição dos objectos (Mehta et al., 2007). Trabalhos mais recentes mostraram que as medições psicofísicas podem ser adquiridas durante a palpação ativa (Carvell e Simons, 1990; Knutsen, 2006; Morita et al., 2011; Prigg et al., 2002) ou durante as deflexões passivas de bigodes individuais estacionários (Gerdjikov et al., 2010; Stüttgen e Schwarz, 2008b). A maioria destes estudos utilizou paradigmas em que os animais podiam mover-se livremente na arena experimental. No entanto, os paradigmas de fixação da cabeça estão a tornar-se cada vez mais populares, uma vez que permitem a apresentação precisa de estímulos e a monitorização do movimento dos bigodes (Hentschke, 2005). Além disso, a fixação da cabeça do animal é um requisito para vários métodos neurocientíficos.

Para investigar o código neuronal subjacente à perceção e às funções cognitivas, é necessário combinar medições comportamentais com registos dos elementos neuronais individuais envolvidos nestes processos. A aquisição simultânea de dados psicofísicos e neurais é, de facto, um dos padrões de excelência em neurociência cognitiva (Parker e Newsome, 1998; Stuttgen, 2010). Os conhecimentos actuais neste domínio foram obtidos principalmente a partir da preparação de primatas não humanos fixados à cabeça (Wurtz et al, 1968). Embora os recentes desenvolvimentos nos paradigmas Go-NoGo de roedores fixados na cabeça permitam o registo de neurónios únicos concomitantemente com a psicofísica, estes paradigmas complexos fixados na cabeça ainda são raros para os ratos e, em particular, para os ratinhos. Por outro lado, o ratinho é o principal modelo genético dos mamíferos que permite a seleção de tipos específicos de células com proteínas geneticamente codificadas. Estas proteínas podem ser utilizadas para manipular e visualizar a atividade neural em subconjuntos de neurónios. A combinação de tais manipulações e medições específicas com paradigmas comportamentais permitir-nos-á identificar a contribuição de tipos de células individuais para os processos de perceção e de tomada de decisões (O'Connor et al., 2009). Por conseguinte, desenvolvemos uma tarefa de escolha forçada com duas alternativas (2-AFC) para ratinhos e ratos, o que nos permite apresentar métricas psicofísicas para ambas as espécies. Escolhemos um paradigma 2-AFC porque tem vantagens claras sobre os paradigmas Go-NoGo, uma vez que permite uma classificação mais clara do comportamento em rejeições corretas e tentativas omitidas numa única tentativa. Os paradigmas Go-NoGo são mais susceptíveis a enviesamentos devido a flutuações de motivação em comparação com as tarefas 2-AFC (para revisão, ver (Stüttgen, 2011)).

Verificámos que os ratos e as ratazanas aprenderam a discriminar frequências que eram simultaneamente aplicadas a bigodes individuais nos lados esquerdo e direito do focinho na situação de cabeça fixa. Além disso, os ratos e camundongos apresentaram curvas psicométricas semelhantes. Outras leituras comportamentais, como os tempos de reação, as taxas de aprendizagem, as omissões de tentativas e a impulsividade, também foram muito semelhantes nas duas espécies. Os tempos de reação não dependeram do nível de dificuldade, mas foram, em geral, mais elevados nas tentativas de erro. O facto de o animal ter sido previamente batido antes do início do estímulo diminuiu significativamente o desempenho da tarefa. Tanto quanto sabemos, esta é a primeira descrição de uma tarefa 2-AFC em ratinhos e ratos fixados à cabeça. Este paradigma permite um controlo comportamental e leituras precisas, que podem ser combinadas com técnicas que tiram partido das ferramentas genéticas disponíveis no rato e que começam a estar disponíveis nos ratos.

3.3. Métodos

Animais

Todos os procedimentos experimentais e cirúrgicos foram aprovados pelas autoridades veterinárias locais, em conformidade com as diretrizes da Lei Suíça de Proteção dos Animais, Serviço Veterinário, Cantão de Zurique (Lei de Proteção dos Animais de 16 de dezembro de 2005 e Portaria de Proteção dos Animais de 23 de abril de 2008). No total, seis ratos Sprague-Dawley adultos fêmeas (r1, r2, r3, r4, r5, r6; 250-350 g) e um ratinho C57BL/6J adulto macho e duas fêmeas (ml, m2, m3; 20-26 g) foram treinados numa tarefa 2-AFC. Os animais tinham de discriminar entre dois estímulos vibrotácteis apresentados simultaneamente numa situação de fixação da cabeça. A idade dos animais no dia da implantação da cabeceira era de 10-15 semanas. Os ratos foram alojados em grupos de dois com alimentação ad libitum, enquanto os ratinhos foram alojados individualmente com alimentação ad libitum. Os animais foram submetidos a privação de água durante 5 dias/semana durante o treino comportamental. O peso corporal foi monitorizado antes de cada uma das duas sessões diárias de treino, durante as quais a água funcionou exclusivamente como recompensa. Quando o peso corporal descia abaixo de 90% do peso inicial, era dada água adicional após a sessão de treino. Os animais foram alojados num regime invertido de 12:12 horas de luz e escuridão, de modo a serem treinados durante o seu ciclo de escuridão, quando estão activos.

Procedimento cirúrgico

Os animais foram anestesiados com isoflurano (1-3%; Abbott, North Chicago, IL). A profundidade da anestesia foi monitorizada pela retirada da pata traseira e pelos reflexos da córnea. A temperatura do animal foi monitorizada com uma sonda de temperatura rectal e mantida a 37°C por uma almofada de aquecimento controlada por feedback (Harvard Apparatus, Holliston, MA). A cabeça foi fixada num aparelho estereotáxico e um anestésico local (Bucain, 5 mg/ml; Actavis, Steinhausen, Suíça) foi administrado por via subcutânea antes da incisão no couro cabeludo. Os olhos foram protegidos com pomada (creme para os olhos com vitamina A; Bausch & Lomb, Zug, Suíça). No caso dos ratos, foram inseridos nove parafusos corticais de titânio (Modus 1.5, 3 mm de comprimento; Medartis, Basileia, Suíça) no crânio desobstruído, actuando como âncoras para a touca. As posições exactas destes parafusos foram previamente descritas (Schwarz et al., 2010). Os parafusos corticais não foram utilizados nos ratinhos. Um agente de ligação (Gluma Comfort Bond; Heraeus Kulzer, Hanau, Alemanha) foi aplicado no crânio limpo e polimerizado com uma fonte de luz azul portátil (600 mW/cm^2; Demetron LC, Bioggio, Suíça). A calota craniana foi formada por camadas de cimento dentário transparente fotopolimerizável (Tetric EvoFlow; Ivoclar Vivadent, Schaan, Liechtenstein) aplicado sobre a camada de ligação. Um parafuso (M5x15) virado de cabeça para baixo foi cimentado na calota craniana na linha média (2 mm caudal a lambda) e, subsequentemente, actuou como poste para a fixação da cabeça do rato. Nos ratinhos, foi colocado um poste de alumínio feito à medida na mesma posição e ligado com cimento dentário à camada de ligação subjacente. Depois de a ferida ter sido lavada com saline, foi aplicada uma pomada antibiótica (Cicatrex; Janssen-Cilag, Baar, Suíça). A pele aberta foi suturada e fixada ao implante com cola acrílica (Histoacryl; Braun, Tuttlingen, Alemanha). Após a cirurgia, os animais foram mantidos quentes e receberam analgésicos (Novaminsulfon, 50%; Sintetica, Mendrisio, Suíça). Na primeira semana de recuperação, foi adicionado um antibiótico à água de bebida [Baytril (enrofloxacina), 200 mg/l de água de bebida; Bayer, Leverkusen, Alemanha].

Aparelho comportamental

Na tarefa 2-AFC utilizada neste estudo, os animais fixados à cabeça tinham de discriminar entre pares de estímulos vibrotácteis de um único cinzeiro apresentados simultaneamente (**Fig. 5A**). Para o efeito, foi construída uma caixa de fixação da cabeça feita à medida (**Fig. 5B**). O animal foi fixado a uma mecânica de rotação da cabeça (**Fig. 5A**), que permitia um movimento definido (máximo de ±30° da posição central inicial da cabeça) quando um travão mecânico era libertado (ver **Fig. 5B**, inserção). A mecânica de rotação da cabeça é constituída por um travão (**Fig. 5B**, azul), que é movido por um motor de corrente contínua com um controlador de movimentos (caixa de rato: 3564K024B CS, Faulhaber, Schönaich, Alemanha; caixa do rato: Motor DC 1628T024B e controlador de movimento MCBL-3006-S, Faulhaber) com a ajuda de uma alavanca de joelho (**Fig. 5B**, verde). O suporte da cabeceira (**Fig. 5B**, vermelho) é rodado por um rolamento de esferas. Para o procedimento de solicitação, o suporte da cabeça foi ligado diretamente ao motor através de uma alavanca adicional (alavanca não mostrada; nota: neste caso, a alavanca do joelho foi retirada). Isto permitiu a regulação direta do ângulo de rotação da cabeça. O estímulo tátil consistiu em deflexões de um único bigode geradas por um atuador de flexão piezoeléctrica (T223-H4CL-303X; Piezo Systems, Woburn, MA). Um único bigode foi ligado a um capilar de vidro, que foi montado no atuador piezoelétrico (**Fig. 5A**). A tensão de controlo que conduz o atuador piezoelétrico foi gerada por um programa LabVIEW personalizado (National Instruments, Austin, TX) utilizando uma placa de aquisição de dados multifuncional (PCI-6259; National Instruments) e foi amplificada por um controlador piezoelétrico (MDT693A; Thorlabs, Newton, NJ). O sistema estimulador foi ligado a um braço articulado (Baitella, Zurique, Suíça) para permitir um posicionamento preciso e rápido do estimulador. O movimento do estimulador foi calibrado com um sensor de deslocamento a laser (resolução de 0,1 µm a uma taxa de amostragem de 2,5 kHz, ILD1700-2; Micro-Epsilon, Ortenburg, Alemanha) e sensores de strain gauge montados diretamente no elemento piezoelétrico. O estímulo vibrotáctil consistiu numa série de deflexões de um único bigode nas almofadas dos bigodes esquerdo e direito do animal. O batedor C1 foi estimulado em todos os animais, exceto no animal m2, em que foi estimulado o batedor gama. A velocidade de pico de um pulso protótipo (retirado de uma onda cossenoidal de 120 Hz de período único) foi mantida constante, e a taxa de repetição dos pulsos foi variada aleatoriamente de 10 a 80 Hz em passos de 10 Hz para o estímulo distrator (lado não recompensado) e mantida constante em 90 Hz para o estímulo alvo (lado recompensado) (**Fig. 5C**). A duração do estímulo foi de 1 s. A velocidade de pico foi de 1.296°/s para ratos e camundongos. O estimulador foi colocado a 10 mm de distância da almofada do bigode para os ratos e a 4 mm para os camundongos. No início, as sessões de treinamento foram realizadas sem o corte dos bigodes. Posteriormente, apenas o bigode estimulado de cada lado foi mantido sem ser aparado. Pelo menos uma vez a cada 2 semanas, os animais foram levemente anestesiados (isoflurano) para aparar novamente os bigodes que não foram estimulados até um comprimento de 15 mm para os ratos e 5 mm para os ratinhos. Adicionalmente, em quatro animais (r1, r2, r3 e r4) o bigode C2 esquerdo foi alongado com um tubo de poliimida leve (diâmetro: 250 µm; comprimento: 2-2,5 cm; peso:~ 0,7 mg) de modo a cobrir o pelo 3-5 mm desde a sua origem até à sua extremidade livre. A posição do bigode C2 foi registada quantitativamente com uma cortina laser e uma matriz CCD linear (RX 03; Metralight, San Mateo, CA) com uma resolução de 3,5 µm no espaço e uma taxa de amostragem de 2,5 kHz (Hentschke, 2005). O aparelho comportamental foi colocado numa caixa à prova de luz e de som.

Figura 5. Configuração, paradigma, mecânica de rotação da cabeça e estímulo.

A. Representação esquemática de um rato no aparelho comportamental que está ligado à mecânica de rotação através de um suporte de cabeça implantado (1). Um único bigode é inserido num tubo de vidro (2) que está colado a um atuador piezoelétrico (3a, 3b) utilizado para fornecer simultaneamente os estímulos vibratórios, por exemplo, 90 Hz (3a) como alvo e 40 Hz (3b) como distração. A recompensa em água é fornecida através de 2 esguichos de água (4), montados numa calha semicircular em frente do animal e equipados com sensores piezoeléctricos de lambidelas (5). **B.** Representações CAD do aparelho comportamental do rato (esquerda) e do rato (direita). Detalhe:

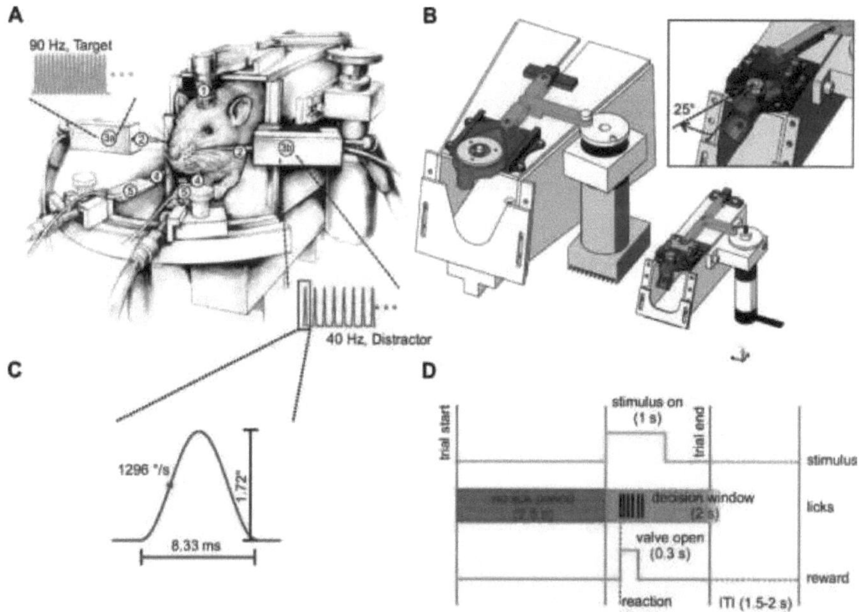

aparelho do rato com um travão de rotação da cabeça aberto. A mecânica de rotação da cabeça é constituída por um travão (parte azul), que é movido por um motor de corrente contínua com a ajuda de uma alavanca de joelho (parte verde). O suporte da cabeça (parte vermelha) é rodado por um rolamento de esferas. Para o procedimento de solicitação, o suporte da cabeceira foi ligado diretamente ao motor através de uma alavanca adicional (alavanca não mostrada; nota: a alavanca do joelho foi retirada neste caso). Isto permitiu a regulação direta do ângulo de rotação. **C.-D.**representação esquemática de um único impulso de estímulo (**C**) e da sequência temporal de um ensaio individual (**D**).

O ruído de mascaramento auditivo (ruído branco de 80 dB) foi apresentado com um altifalante situado 10 cm acima da cabeça do animal para evitar pistas auditivas. Foram utilizadas câmaras CMOS com iluminação infravermelha para monitorizar os bigodes do animal, de modo a garantir que estes permaneciam no capilar de vidro do estimulador durante toda a sessão. Foram colocados dois bebedouros (**Fig. 5A**) nos lados esquerdo e direito da cabeça do animal, de forma a que só pudessem ser alcançados quando o travão de rotação da cabeça estivesse solto. Após 5-10 semanas de treino inicial, o ângulo dos dois bebedouros foi gradualmente reduzido de modo a que os animais os pudessem alcançar a partir de uma posição central fixa. As lambidelas foram detectadas por sensores piezoeléctricos (**Fig. 5A**) montados nas bicas (LDT0-028K; Measurement Specialties, Hampton, VA). Foram utilizadas duas válvulas solenóides (Bürkert, Ingelfingen, Alemanha) para controlar o fornecimento de água aos bebedouros. Todos os componentes do aparelho comportamental foram controlados e monitorizados com uma precisão temporal de milissegundos por um programa LabVIEW (National Instruments) escrito à medida, executado em computadores pessoais com placas de aquisição de dados multifuncionais (PCI-6259; National Instruments).

Paradigma comportamental

O manuseamento dos animais começou após 2 semanas de recuperação da implantação da touca (**Fig. 6**). Os animais foram privados de água 24 horas antes do início do treino de fixação da cabeça. Os animais foram lentamente familiarizados com o experimentador em duas ou três sessões diárias com uma duração aproximada de 10 minutos durante 1-2 semanas. Nas 2-3 semanas seguintes, os animais foram treinados para tolerar a fixação da cabeça. A água foi dada manualmente a partir de uma seringa durante o treino de fixação da cabeça. Assim que o animal tolerava a situação de fixação da cabeça durante 10 minutos, sem quaisquer sinais de stress, era colocado na configuração comportamental. Foi colocado um bebedouro em frente do focinho do animal. Nas primeiras três sessões, era dada água a cada 5-6 s. Mais tarde, o animal tinha de lamber uma vez e, em seguida, eram-lhe dadas algumas gotas de água através do bebedouro (o chamado modo "recompensa ao lamber"). Na fase seguinte, iniciou-se o treino de procedimentos (Schwarz et al., 2010). Os roedores foram submetidos a um procedimento de estímulo (6-15 sessões) para estabelecer uma associação entre a localização do estímulo vibrotáctil e a localização da recompensa. O estímulo alvo de 90 Hz foi apresentado sem um estímulo distractor e a cabeça do animal foi suavemente virada pelo sistema motorizado para o lado do estímulo onde a água era fornecida através do bico. Após cerca de duas sessões, o modo "recompensa ao lamber" foi ativado assim que o animal começou a lamber sem esperar para sentir a água a sair do bico correto. Em seguida, começaram as medições do comportamento real e o desempenho do animal foi registado. O animal tinha de virar a cabeça para alcançar o local da recompensa. Primeiro, os ratos e ratazanas tinham de detetar o lado do estímulo alvo de 90 Hz. Quando atingiam um desempenho estável (ratos: -18 sessões; ratinhos: -11 sessões), eram introduzidos estímulos distractores gradualmente mais difíceis (trens de impulsos de 10 a 80 Hz em passos de 10 Hz) e tinham de discriminar a frequência mais elevada (estímulo-alvo do trem de impulsos de 90 Hz) da frequência mais baixa. Os estímulos distractores e o estímulo-alvo recompensado foram apresentados simultaneamente em ambos os lados (**Fig. 5D**). Para preservar a motivação do animal, os estímulos distractores mais difíceis (40-80 Hz) foram sempre misturados com os menos difíceis (10-30 Hz). Na fase inicial do treino, o travão de rotação da cabeça foi libertado 0-0,2 s após o início do estímulo. Após um tempo de espera adicional de 0-0,2 s, foi dada ao animal uma janela de oportunidade de 2 s (**Fig. 5D**) para responder com uma lambidela num dos dois esguichos de água. O animal era capaz de virar a cabeça para o lado esquerdo e para o lado direito, alcançando o bebedouro com a língua para indicar o lado do estímulo alvo percepcionado. Escolhas corretas levaram à entrega de água (ratos: 20-50 μl/trial; ratos: 5-20 μl/trial). Durante a janela de oportunidade acima mencionada, uma lambida emitida para o bico de água incorreto (lado distrator; não recompensado) ou nenhuma resposta de lambida para 2 s após o início do estímulo levou a um fechamento da mecânica de rotação da cabeça, trazendo o roedor de volta à posição central. O início do ensaio seguinte foi precedido de um intervalo intertrial (ITI, 1,5 ± 0,3 s; **Fig. 5D**). Os eventos de lambidela numa janela de tempo pré-estímulo com 2,5 s de duração (período sem lambidela; **Fig. 5D**) foram punidos com um atraso temporal (1-2,5 s) da apresentação do estímulo. Foi adicionado um jitter temporal máximo de ±30% ao período de ausência de movimento para evitar a previsão do início do estímulo. Na fase de aprendizagem, foi utilizado um algoritmo de correção de enviesamento para evitar enviesamentos de resposta estereotipados (Knutsen, 2006), impedindo assim que os animais desenvolvessem uma preferência por um dos lados e agindo contra a lambedura estereotipada, como a alternância esquerda-direita. Quando os animais atingiram um desempenho estável e um comportamento não impulsivo, tanto o ângulo de rotação da cabeça como o ângulo dos esguichos de água foram gradualmente reduzidos até o travão permanecer fechado (intervalo de tempo de 1-2 semanas). Os ratos efectuaram até 400 ensaios por sessão e os ratinhos até 380 ensaios por sessão. Foram efectuadas duas sessões por dia, uma de manhã e outra à noite.

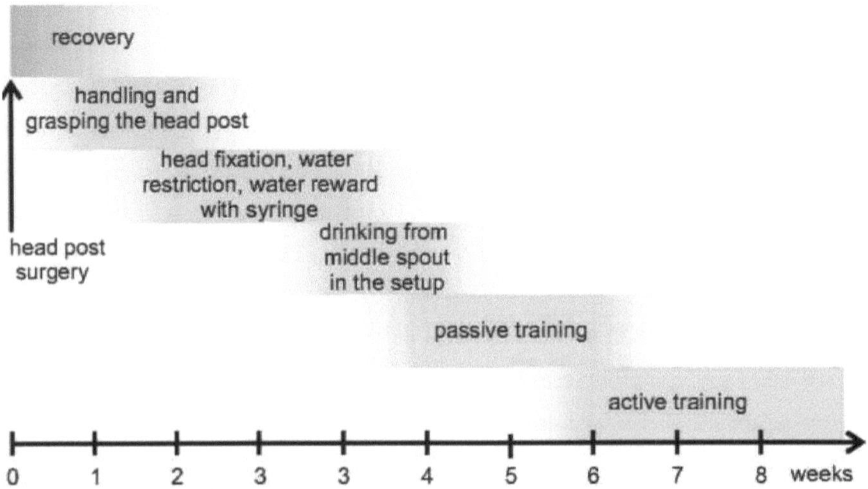

Figura 6. Procedimento de treino.

São apresentadas as diferentes fases de treino, desde a cirurgia da cabeça até à aquisição das curvas psicométricas. As sombras cinzentas indicam que a duração das fases individuais foi adaptada a cada animal.

Análise de dados

O conjunto de dados consistiu em registos comportamentais de seis ratos (r1, r2, r3, r4, r5, r6) e três ratinhos (m1, m2, m3). Não houve diferença significativa no desempenho entre as sessões da manhã e da noite (dados não mostrados). Uma tentativa foi considerada correta quando o animal lambeu primeiro o bico premiado. Um erro era contabilizado quando o animal lambia primeiro a bica não recompensada. Uma resposta sem lamber dentro da janela de tempo de 2 segundos após o início do período de decisão foi classificada como um ensaio falhado. Para calcular o desempenho, apenas foram tidos em conta os ensaios com uma resposta comportamental (resposta correta e erro): respostas corretas/(respostas corretas + erros). Para analisar os traços da posição do bigode, a velocidade do bigode foi calculada tomando a primeira derivada do registo do movimento do bigode filtrado com filtro passa-baixo (Butterworth de 4ª ordem, frequência de corte de 200 Hz). Para cada ensaio, a velocidade média quadrática (RMS) foi calculada no período pré-estímulo de -200 ms até ao início do estímulo. Se a velocidade RMS pré-estímulo excedesse um limiar de 0,02 m/s, a tentativa era classificada como uma tentativa de movimento; caso contrário, era classificada como uma tentativa de não-movimento (como em (Hentschke, 2005)). Para testar se o desempenho comportamental era diferente nos ensaios de movimento e de não-movimento, foi efectuado um teste χ^2 quádruplo. Todas as análises de dados foram realizadas com o MATLAB (MathWorks, Natick, MA).

Psicofísica

Foi obtida uma curva psicométrica calculando o desempenho para cada par de estímulos e traçando-a em função da diferença entre a frequência do distractor e a frequência do recompensado. Os intervalos de confiança foram calculados com base numa distribuição binomial com um nível de confiança de 95%. As funções psicométricas foram ajustadas com o pacote de software psignifit (versão 2.5.6; ver http://bootstrap-software.org/psignifit/), que implementa o método de máxima verosimilhança descrito por (Wichmann e Hill, 2001). Uma função logística

$\Psi fc\alpha,\beta,v,\lambda)=v+(1-y-\lambda)Ffc\alpha,\beta)$ em que

$Ffca,\beta)=1/(1+\exp[(a-x)/\beta]$

foi ajustado (parâmetros de ajuste: α, β, v, λ; v fixado em 0,5 e λ limitado entre [0 0,2]) aos pontos de dados e utilizado para obter o limiar de discriminação e os declives. O limiar de discriminação (DTh) foi definido como a diferença de frequência entre a frequência do distrator e do alvo em que o ajuste logístico atingiu 50% do seu valor cumulativo. Este valor foi utilizado para calcular uma medida adicional de sensibilidade, a fração de Weber: DTh/90 Hz. Para as curvas psicométricas, apenas as últimas 270-300 tentativas (20-40 sessões) de cada categoria foram tidas em conta. Para r5, r6, r1, r3, m1 e m2, foi selecionada a gama de frequências de 10 a 80 Hz em passos de 10 Hz. Para r2, r4 e m3, foi apresentado um conjunto reduzido de frequências de distração (r2 e r4: 0 Hz, 10 Hz, 40 Hz, 60 Hz e 80 Hz; m3: 0 Hz, 10 Hz, 20 Hz, 40 Hz e 60 Hz). O desempenho máximo de cada animal foi determinado com uma frequência de distração de 10 Hz e sem a presença de distração. As curvas de aprendizagem foram geradas e quantificadas através da análise do desempenho ao longo das sessões em ensaios sem frequência de distração. Uma função cumulativa de Weibull foi ajustada ao desempenho médio ao longo das sessões (primeiras 60 sessões, r1, r2, r3, r4, m1, m2), exceto para m3, uma vez que este rato atingiu um desempenho estável na primeira sessão após o procedimento de estímulo. A fase dinâmica da aprendizagem foi definida como o intervalo entre os valores da ordenada do primeiro e do nono decil da função Weibull cumulativa ajustada. A estabilidade do desempenho foi calculada tomando o desvio padrão do desempenho da sessão durante a deteção (frequência do distrator de 0 Hz) nas últimas 60 sessões. Os tempos de reação foram definidos como o intervalo de tempo entre o início do estímulo e a primeira resposta de lambidela e foram estimados pela mediana das latências da primeira lambidela dos ensaios (o mesmo conjunto de dados que para a psicofísica). As latências foram medidas em intervalos de 10 ms e utilizadas para construir gráficos cumulativos numa escala probit com um eixo temporal recíproco (Carpenter e Williams, 1995) - a mediana da latência da primeira lambidela foi a interceção do valor da ordenada de 50% com a distribuição cumulativa da contagem de lambidelas. A diferença relativa do tempo de reação entre a tentativa errada (tempo-erro) e a tentativa correta ($tempo_{correct}$) foi calculada por sessão (i = 1, 2, 3, ... N) e calculada a média das sessões:

$$\text{tempo de reação}=2/N\sum i(timeerror(i)-timecorrect(i))/(timeerror(i)+timecorrect(i)).$$

Este valor relativo foi calculado para compensar a variabilidade de sessão para sessão ao longo das semanas. Para além disso, apenas foram considerados os ensaios com a primeira emissão de lambidelas 200 ms após o início do estímulo. A influência do número de sessões no tempo de reação foi testada com o teste de Kruskal-Wallis. A significância de uma resposta comportamental foi testada pelo teste de Wilcoxon. O número médio de ensaios em que foi detectada uma lambidela precoce serviu de medida para a impulsividade e representou o número médio de ensaios em que foi emitida uma lambidela dentro do período sem lambidelas. Este valor foi considerado zero quando não houve lambidelas precoces antes do início do estímulo. Um valor de 10% indica que o animal fez, em média, uma lambidela precoce a cada dez tentativas. Para cada frequência, a percentagem de tentativas falhadas foi calculada e testada estatisticamente com o teste de Kruskal-Wallis. Para facilitar a comparação entre animais diferentes, as curvas foram normalizadas para o valor médio de todas as categorias de estímulos. Foi realizada uma sessão de controlo para cada um dos animais, a fim de excluir a utilização de pistas auditivas na tarefa de discriminação. Na primeira metade da sessão, o animal teve que discriminar entre 90 Hz e nenhuma freqüência distratora ou uma diferença de freqüência de 80 Hz entre a freqüência distratora e a freqüência alvo. Na segunda metade da sessão, os bigodes de ambos os lados eram desligados do estimulador de bigodes e o animal tinha de continuar sem estimulação mecânica. Assegurou-se que os estimuladores estavam tão perto da cabeça como na situação de estímulo normal, mas sem tocar em qualquer bigode. A influência da correção de enviesamento foi medida comparando a percentagem de acerto dos lados esquerdo e direito entre si, |% correto lado esquerdo - % correto lado direito | /(% correto lado esquerdo + % correto lado direito), para cada sessão e testando as primeiras 15 sessões contra as últimas 15 sessões com a correção de enviesamento ligada.

Estatísticas

Os erros estatísticos são SE da média, salvo indicação em contrário. Para os valores binários, foi utilizada uma distribuição binomial para calcular os intervalos de confiança a 95%. O teste de Kruskal-Wallis, o teste de Wilcoxon signed-rank e o teste χ^2 (implementações MATLAB) foram utilizados para análises estatísticas.

3.4. Resultados

Procedimento de formação

Todos os animais que entraram no treino de procedimentos atingiram o treino de discriminação de frequências após 7-10 semanas de treino com duas sessões diárias (**Fig. 6**). A adaptação lenta à fixação da cabeça e os treinos diários regulares (5 dias/semana) foram importantes para um bom desempenho (dados não apresentados; ver (Schwarz et al., 2010)). O critério para entrar no treino discriminativo foi o facto de os animais aceitarem beber água de uma seringa na condição de fixação da cabeça. Os animais que necessitaram de mais sessões de manuseamento para atingir este critério não tiveram um desempenho pior do que os animais que se adaptaram mais rapidamente (por exemplo, m1 9,7 wk: 96% e 222 tentativas/sessão em comparação com m2 7,5 semanas: 93% e 228 tentativas/sessão). Os ratos adaptaram-se à fixação da cabeça e ao aparelho comportamental num período de tempo semelhante ao dos ratos [ratos (r1, r2, r3, r4): 3 semanas; ratos (m1, m2, m3): 2,5 semanas].

Formação discriminativa

O treino discriminativo começou com um procedimento de estímulo em que a cabeça do animal era suavemente virada para o lado em que o estímulo era apresentado (treino passivo; **Fig. 6**). A mecânica de rotação motorizada da cabeça permitiu uma direção bem controlada da cabeça do animal para a bica de água recompensada durante a apresentação do estímulo vibrotáctil. Isto ajuda o animal a estabelecer uma associação entre o estímulo e a localização da recompensa, mas pode não ser necessário para que o animal aprenda a tarefa. A frequência recompensada (trem de impulsos de 90 Hz, duração de 1 s; **Fig. 5C**) foi apresentada sem um distractor (paradigma de deteção). Os ratos só precisaram de seis sessões (~ 500 ensaios) para estabelecer uma associação entre o estímulo e a localização da recompensa. Uma resposta de lamber ao lado da apresentação do estímulo alvo foi tomada como critério para a associação. Os ratos necessitaram de 11 sessões (~ 1600 tentativas) para este passo. Após o treino passivo, os animais tinham de indicar a sua decisão virando a cabeça para o local da recompensa, a fim de recolher a água. Nas primeiras sessões, a água foi dada automaticamente sem uma lambidela inicial do bico. Durante a fase inicial do treino, os animais realizaram uma tarefa de deteção sem qualquer estímulo de distração. Depois de os animais atingirem um desempenho estável no paradigma de deteção (ratos: -18 sessões, ratinhos: -11 sessões de treino ativo), a complexidade da tarefa foi aumentada através da introdução de frequências de distração no paradigma. Os animais foram treinados para discriminar entre o estímulo recompensado de 90 Hz e os distractores não recompensados apresentados simultaneamente, com uma diferença de frequência de 10 a 80 Hz (em passos de 10 Hz). Os animais realizaram várias centenas de tentativas por sessão, duas vezes por dia. O número médio de tentativas por sessão foi de 202 ± 18 (ratos) e 231 ± 6 (ratinhos).

Psicofísica

A Fig. 7 mostra as curvas psicométricas calculadas a partir de 20-40 sessões para cada um dos nove animais. Para cada categoria de estímulo, apenas os últimos 270-300 ensaios apresentados foram tidos em conta, excluindo assim a fase inicial de aprendizagem (**Fig. 7, A-E**). Para cada animal, foi ajustada uma função logística aos valores de desempenho do par de estímulos para obter os limiares e os declives na região de transição da curva psicométrica (ver métodos). O rato com melhor desempenho (r6, não mostrado separadamente) apresentou um limiar discriminativo de 42,0 Hz de diferença de frequência [intervalo de confiança de 95% (IC95): 38,8-45,1 Hz] e uma inclinação de 2,32 ± 0,50%/Hz. O limiar mais alto para os ratos (r4) foi de 71,9 Hz de diferença de frequência (IC95: 69,5-76,7 Hz). A média populacional dos limiares de todos os seis ratos foi de 53,0 ± 4,4 Hz de diferença de frequência. O desempenho máximo num animal (rato r3; **Fig. 7B**) para a categoria discriminativa menos difícil (diferença de frequência entre o distrator e o alvo de 80 Hz) foi de 93,0% (IC95: 90,3-96,0%) (média do grupo: 84,1 ± 2,5%) e para a deteção foi de 97,3% (IC95: 95,399,0%) (média do grupo: 93,0 ± 1,2%). Nos três ratos, as curvas psicométricas apresentaram caraterísticas semelhantes. O pico de desempenho para discriminar uma diferença de frequência entre distrator e alvo de 80 Hz atingiu 93,0% (IC95: 90,0-95,7%) para o primeiro rato (m1; **Fig. 7C**) e 85,0% (IC95: 81,0-89,0%) para o segundo rato (m2; **Fig. 7D**). A média para três ratos foi de 85,0 ± 5,6%. Na tarefa de deteção, foi atingido um desempenho de 96,0% (IC95: 98,0-93,7%) para o primeiro rato (m1) e 87,7% (IC95: 84,0-91,4%) para o segundo rato (m2) (média do grupo: 89,7 ± 3,2%). O limiar discriminativo foi de 49,4 Hz de diferença de frequência (IC95: 48,1-51,9 Hz) para m1 e 48,5 Hz de diferença de frequência (IC95: 42,5-56,2 Hz) para m2 (média do grupo: 50,6 ± 1,7 Hz de diferença de frequência). Em resumo, os ratos e os ratinhos apresentaram medidas psicométricas muito semelhantes. O limiar de discriminação médio para três ratos foi de 50,6 ± 1,7 Hz de diferença de frequência, em comparação com uma média de 53,0 ± 4,4 Hz de diferença de frequência para os seis ratos. Estes valores correspondem a fracções de Weber de 0,56 ± 0,02 e 0,58 ± 0,04, respetivamente. O desempenho máximo para a tarefa de deteção foi de 93,0 ± 1,2% para os ratos e de 89,7 ± 3,2% para os ratinhos. A inclinação da curva psicométrica no regime de transição, que capta a flutuação de sensibilidade do processo sensorial, foi de 2,00 ± 0,25%/Hz e 1,82 ± 0,36%/Hz para ratos e camundongos, respetivamente. Note-se que um processo sensorial ideal teria uma função de degrau como uma curva psicométrica e, por conseguinte, um valor de declive elevado no limiar, por exemplo, 5%/Hz e acima. Para cada animal, foi registada pelo menos uma sessão de controlo para garantir que o animal utilizava exclusivamente o estímulo vibrotáctil do bigode para tomar a decisão (**Fig. 7F**). Na primeira metade da sessão de controlo, o animal encontrava-se na situação normal, com um único bigode estimulado de cada lado. Na segunda metade da sessão, os bigodes foram desligados do estimulador. O estimulador foi colocado o mais próximo possível da cabeça do animal, sem tocar nos bigodes. Todos os animais tiveram um desempenho acima do nível de probabilidade na primeira metade da sessão de controlo [teste binomial de desempenho em relação ao nível de probabilidade, valor de $P < 0{,}01$ para todos os ratos ($n = 6$) e ratinhos ($n = 3$)]. Assim que os estimuladores foram separados dos bigodes, o desempenho caiu para o nível do acaso (teste binomial de desempenho contra o nível do acaso, valor de $P > 0{,}05$ para todos os animais).

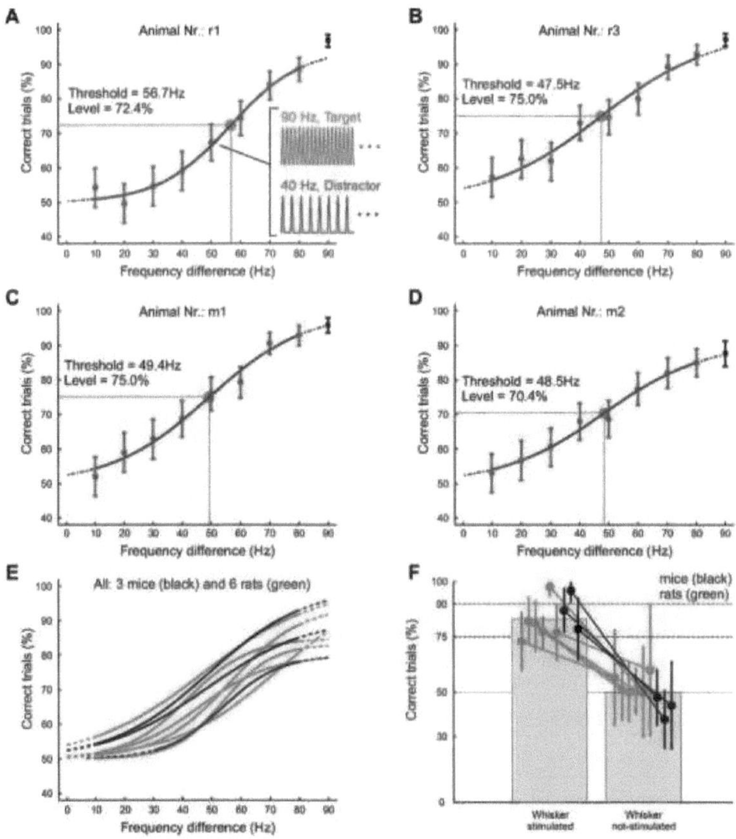

Figura 7. Desempenho psicofísico - desempenho sobre a diferença entre a frequência do distrator e do alvo (90 Hz).

A-D. Curvas psicométricas de animais individuais (ratos r1, r3; ratinhos ml, m2) com ajustes logísticos (azul) e limiares (verde). O desempenho de deteção é mostrado como um símbolo quadrado preto na diferença de 90 Hz e não foi usado para o procedimento de ajuste. A inserção em A mostra o par de estímulos próximo do regime de limiar para o ponto de dados da diferença de frequência de 50 Hz (alvo de 90 Hz e distractor de 40 Hz). **E.** Curvas psicométricas de todos os animais. **F.** Sessão de controlo para todos os 9 animais. A primeira metade da sessão de treino foi realizada com estimulação normal (bigode ligado ao estimulador piezoelétrico), onde todos os animais tiveram um desempenho acima do acaso (P <0,05). Na segunda metade da sessão de treino, os estimuladores foram retirados dos bigodes (sem contacto mecânico). O desempenho das tentativas corretas caiu para o nível do acaso para todos os animais quando os estimuladores foram retraídos (P <0,05). As barras de erro estão representadas como intervalos de confiança de 95%.

Estabilidade da aprendizagem e do desempenho comportamental

Para caraterizar a fase de aprendizagem, foi ajustada uma função cumulativa de Weibull ao desempenho médio do paradigma de deteção ao longo das sessões (**Fig. 8**). O intervalo dinâmico em que se observou a maior parte da alteração do desempenho foi caracterizado como o intervalo entre o primeiro e o nono decil de uma função de Weibull cumulativa ajustada (**Fig. 8**, inserções). A primeira sessão após a fase de aprendizagem dinâmica foi escolhida como critério para atingir um desempenho estável. Os ratos r1, r2, r3 e r4 foram capazes de realizar a tarefa de deteção (frequência-alvo de 90 Hz e sem frequência de distração) em 18,2 ± 9,0 sessões (2 256 ± 1 373 ensaios, 1,8 semanas; **Fig. 8. A** e **B**), enquanto os ratos necessitaram de 16,5 ± 10,8 sessões (1 312 ± 835 ensaios, 1,7 semanas; **Fig. 8. C** e **D**) para atingir o critério acima referido. A fase de aprendizagem dinâmica variou entre os animais e teve a duração de 30,9 sessões (rato m1), 1,2 sessões (rato m2), 12,2 sessões (rato r1) e 11,0 sessões (rato r3). Os animais apresentaram variabilidade de sessão para sessão, mas nunca caíram para o nível do acaso após a fase de aprendizagem dinâmica. Para quantificar a estabilidade do desempenho ao longo dos dias, o desvio padrão foi calculado nas últimas 60 sessões do conjunto de dados apresentado. A variabilidade média foi de 5,6 ± 0,25% para os ratos (r1, r2, r3, r4) e de 3,9 ± 0,26% para os ratinhos (m1, m2, m3), o que demonstra que os ratos e os ratinhos apresentaram níveis comparáveis de variabilidade de desempenho na tarefa de discriminação 2-AFC.

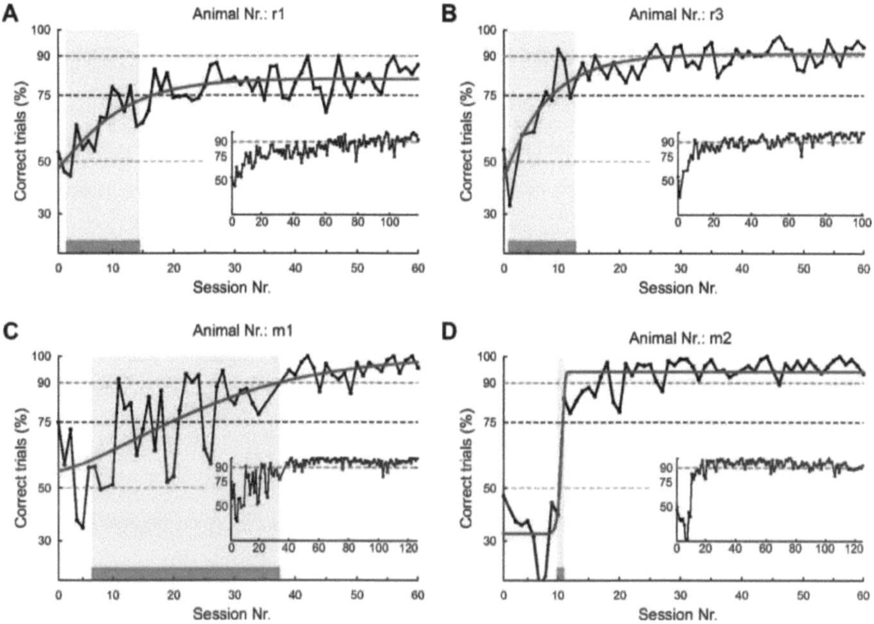

Figura 8. Aprendizagem e estabilidade - desempenho no paradigma de deteção durante a fase inicial de aprendizagem e o período de desempenho comportamental estável.

A-D. Desempenho ao longo do tempo para os estímulos de deteção para 4 dos animais (ratos r1, r3; ratinhos m1, m2). As inserções mostram a fase inicial de aprendizagem, que foi ajustada com uma função Weibull. As áreas sombreadas a cinzento mostram a fase de aprendizagem dinâmica.

Tempos de reação

Na **Fig. 9** são apresentadas a distribuição e a análise das latências da primeira lambidela para as categorias comportamentais (erro e acerto) e para as diferentes categorias de estímulos (fácil e difícil). O intervalo de tempo entre o início do estímulo e a primeira lambidela detectada foi utilizado para calcular o tempo de reação dos animais. Estas medições foram efectuadas quando os animais não estavam autorizados a rodar a cabeça. O travão do mecanismo de rotação da cabeça foi mantido fechado durante toda a sessão, e os roedores apenas indicaram a sua decisão lambendo um dos dois esguichos de água que se encontravam a uma distância alcançável. Para representar a distribuição estocástica dos tempos de reação (primeira lambidela), a probabilidade cumulativa é representada numa escala probit em função da latência recíproca (histograma da lambidela recíproca na **Fig. 9A**) (Carpenter e Williams, 1995). A mediana da latência da primeira lambidela é a interceção do valor da ordenada de 50% com a distribuição cumulativa da contagem de lambidelas. O tempo de reação mediano mais curto foi de 232 ± 3 ms para os ratos e de 337 ± 3 ms para os ratinhos. A média de todos os ratos foi de 334 ± 49 ms e a dos ratinhos de 486 ± 120 ms. Uma linha reta neste tipo de diagrama indica que a distribuição subjacente tem uma forma gaussiana. Todas as curvas são compostas por dois componentes quase lineares, um com uma inclinação pouco acentuada e o outro com uma inclinação acentuada. As curvas de tempo de reação apresentadas na **Fig. 9A** têm uma forma semelhante às distribuições de latência ocular sacádica, em que os indivíduos tinham de fazer uma sacada de um ponto de fixação central para um alvo que aparecia à esquerda ou à direita (Carpenter e Williams, 1995). Note-se **a Fig. 9**, em que um número semelhante de contagens nas condições de acerto e erro ocorreu na fase inicial e a forma das distribuições de acerto e erro na fase final é semelhante, sugerindo dois processos subjacentes à distribuição observada. No entanto, todos os animais, com exceção de um, apresentaram um tempo de reação significativamente mais longo para as tentativas de erro do que para as tentativas corretas (teste Wilcoxon de postos sinalizados Valores de P < 0,05 para 6 ratos e 2 ratinhos; **Fig. 9B**). A diferença de tempo de reação entre as tentativas de erro e as corretas foi calculada para cada sessão e calculada a média das sessões (**Fig. 9B**). Este passo foi necessário para compensar a variabilidade de sessão para sessão ao longo das semanas (teste de Kruskal-Wallis, P <0,001, indicando dependência da sessão). **A Fig. 9B**, na parte superior, mostra exemplos de tempos de reação brutos para as condições de erro e de acerto e o tempo de reação relativo resultante ao longo das sessões. Com a exceção de um animal, não observámos uma diferença significativa nos tempos de reação em função do nível de dificuldade (ou seja, frequência do distractor).

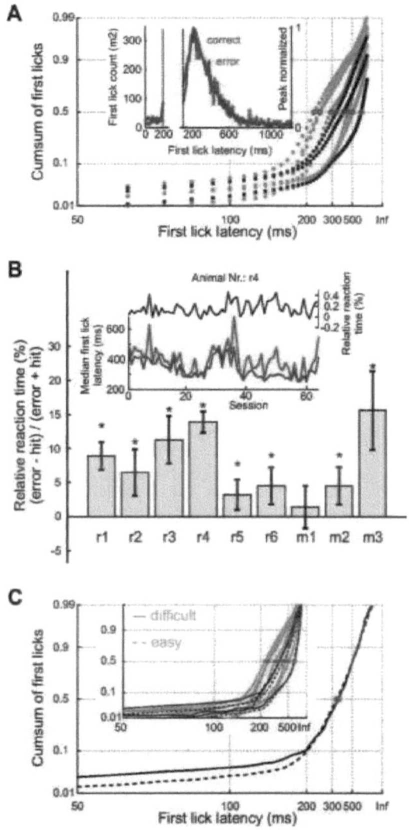

Figura 9. Tempos de reação-distribuição e análise das latências da primeira lambida para os comportamentos (erro e acerto) e diferentes categorias de estímulos (fácil e difícil) para todos os animais.

A. Contagem cumulativa da latência da primeira lambidela para os diferentes animais (ratos r5, r6, r1, r2, r3, r4 em verde; ratinhos m1, m2, m3 em preto) com uma escala probit em função da latência recíproca. Os pontos vermelhos representam a mediana da latência da primeira lambidela, correspondendo às intercepções do valor da ordenada de 50% com as distribuições cumulativas da contagem de lambidelas. A inserção mostra o histograma da primeira lambida para m2 para ensaios corretos e com erro. A segunda parte (>180 ms) foi normalizada para o pico dos histogramas para realçar a forma semelhante das distribuições. **B**. % da mediana do tempo de reação dos ensaios com erro em relação aos ensaios corretos. *Nível de significância P < 0,05 (n = 9). A inserção mostra os tempos de reação medianos brutos para os ensaios com erro e corretos e os tempos de reação relativos resultantes ao longo das sessões. **C**. O mesmo gráfico que em A, mas dividido em fácil (0-

40 Hz

distractor) e pares de estímulos mais difíceis (distractor de 50-80 Hz) para o rato m2. A inserção mostra uma visão geral para todos os animais (ratinhos a preto e ratos a verde). As linhas sólidas correspondem à categoria difícil e as linhas tracejadas à categoria fácil.

A comparação de pares de estímulos difíceis (frequência do distrator de 50 a 80 Hz) com pares de estímulos menos difíceis (frequência do distrator de 0 a 40 Hz) na primeira parte do histograma de lambida do reciprobit (20-100 ms; **Fig. 9C**) para ensaios corretos não revelou diferenças significativas na distribuição em todos os animais, exceto um (teste de Kolmogorov-Smirnov, P <0.01 para 1 rato). Este resultado sugere que o processo subjacente às respostas de lamber na janela temporal de 20-100 ms é independente do nível de dificuldade e pode refletir um comportamento impulsivo. Analisando apenas os ensaios em que o animal respondeu na janela temporal de 20-100 ms após o início do estímulo, verificou-se que, com exceção de dois animais, o desempenho dos ensaios corretos nunca excedeu o nível do acaso (teste binomial, P < 0,05 para 1 rato e 1 ratinho).

Comportamento impulsivo e motivação

Para responder à questão de saber até que ponto o comportamento impulsivo e a motivação variam consoante os animais ou as espécies, a percentagem de lambidelas e de falhas precoces é apresentada na **Fig. 10**. Uma das principais vantagens do paradigma 2-AFC é que as rejeições corretas podem ser distinguidas das rejeições omitidas (por exemplo, falta de motivação) numa única tentativa, ao contrário do que acontece no paradigma Go-NoGo. No entanto, é essencial que os animais não desenvolvam um viés de resposta na tarefa 2-AFC (por exemplo, viés posicional). Isto pode ser evitado treinando os animais com um algoritmo de correção de enviesamento na fase de aprendizagem (ver métodos). Comparando a fase inicial com a fase final do treino com a correção de enviesamento activada, quatro dos nove animais apresentaram um enviesamento de resposta significativamente menor para um dos lados (ver métodos, teste de Kruskal-Wallis, P < 0,05). O viés de resposta foi quantificado como o valor absoluto de % correto no lado esquerdo menos % correto no lado direito dividido pela soma de ambos (r1 de 0,144 ± 0,044 a 0,052 ± 0,008, r2 de 0,138 ± 0,028 a 0,052 ± 0,014, r3 de 0,226 ± 0,069 a 0.076 ± 0,011, r4 de 0,087 ± 0,017 para 0,083 ± 0,015, r5 de 0,035 ± 0,006 para 0,048 ± 0,011, r6 de 0,048 ± 0,010 para 0,036 ± 0.007, m1 de 0,131 ± 0,023 para 0,065 ± 0,0151, m2 de 0,214 ± 0,052 para 0,050 ± 0,01, m3 de 0,053 ± 0,011 para 0,049 ± 0,009). Para caraterizar o comportamento impulsivo, as lambidas antes da apresentação dos estímulos foram medidas e classificadas como lambidas precoces na situação em que os animais não podiam rodar a cabeça e apenas indicavam a sua decisão lambendo um dos dois esguichos de água. Este comportamento impulsivo de lamber pode ser completamente abolido se o travão de rotação da cabeça for libertado e o animal só puder alcançar os esguichos de água rodando a cabeça. No entanto, o comportamento impulsivo pode ser bastante diferente consoante as espécies. Assim, mediu-se o comportamento de lamber na condição em que o travão de rotação da cabeça estava fechado. A contagem de lambidelas precoces representa o número médio de tentativas em que ocorreu uma lambidela antes da apresentação efectiva do estímulo (**Fig. 10A**). Note-se que, no caso de uma lambidela precoce, a apresentação do estímulo foi deslocada para trás, de modo a que cada estímulo fosse precedido de um período "sem lambidelas" (**Fig. 5D**). O valor médio do número de ensaios com lambidelas precoces ao longo das últimas sessões (o mesmo conjunto de dados que para a psicofísica) foi de 19,3 ± 2,5% para os ratos e de 22,1 ± 7,7% para os ratinhos. Estas contagens de lambidelas precoces quase idênticas para ratos e ratinhos indicam que as espécies são muito comparáveis em termos de impulsividade. É de salientar que a conceção da tarefa só permitia um desempenho casual se o animal lambesse independentemente do lado do estímulo. Como se pode ver nos gráficos de reciprobit na **Fig. 9A**, apenas uma pequena fração de lambidelas ocorreu em latências muito curtas (<100 ms) e estes pontos temporais de lambidelas parecem ter origem num processo comportamental diferente, refletido numa distribuição separada em comparação com a maioria das respostas (ajustes lineares na **Fig. 9C**).

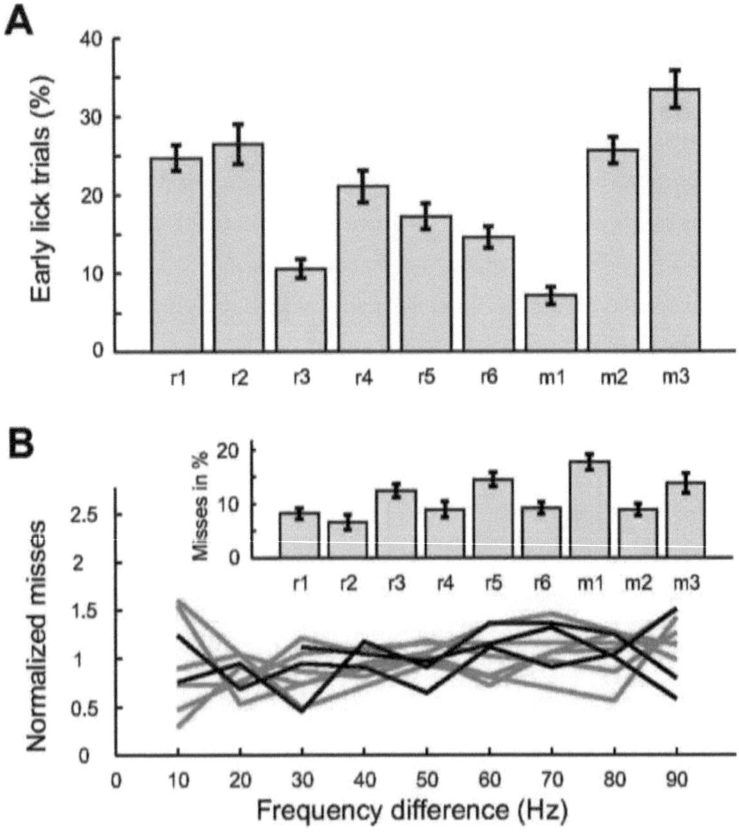

Figura 10. Impulsividade e tentativas falhadas-% de tentativas de lambidela precoce e tentativas falhadas são semelhantes para ratos e ratinhos.

A. Número médio de tentativas de lambida precoce expresso em % para todos os animais (n = 9). **B.** % de tentativas falhadas em função das frequências normalizadas para a média de todas as frequências (ratos a verde, ratinhos a preto). A inserção mostra os valores médios para os animais correspondentes (n = 9).

Será que o nível de dificuldade influencia o número de tentativas sem resposta? Os números médios de tentativas omitidas em todas as frequências de distração são apresentados na **Fig. 10B**. Para comparar entre animais, os valores foram normalizados para a média de todas as frequências. Em cada sessão, apenas foram considerados os primeiros 30 ensaios omitidos, evitando assim o predomínio de ensaios omitidos que normalmente ocorrem no final de uma sessão, quando o animal já não está envolvido na tarefa. Os valores médios para cada animal são apresentados na **Fig. 10B**, na parte superior. Não houve efeito significativo da frequência do distrator no número de tentativas omitidas em oito animais (valores de P do teste de Kruskal-Wallis: m1 0,080, m2 0,223, m3 0,429, r5 0,358, r6 0,063, r1 0,287, r2 0,455, r3 0,114, r4 0,016).

Movimentos dos bigodes e desempenho comportamental

Para esclarecer se o movimento do bigode tem impacto na psicometria medida durante o paradigma de discriminação de frequência bilateral, a posição de um bigode (C2) foi monitorizada com um sensor CCD linear (**Fig. 11A**) em quatro ratos. A velocidade RMS medida deste bigode foi utilizada para classificar os ensaios em ensaios de não-movimento e de movimento (**Fig. 11B**). Cerca de 9% de todas as tentativas (r1: 15,44% de 3.095 tentativas; r2: 6,76% de 6.095 tentativas; r3: 10,68% de 7.807 tentativas; r4: 5,15% de 6.022 tentativas) foram classificadas como tentativas de movimento. A comparação destas duas categorias mostrou que os ensaios com movimento tinham um desempenho de discriminação significativamente reduzido (teste do χ^2, $P < 0,01$). O desempenho médio para os quatro animais foi de 70,01% (IC95: 67,88-72,09%) nas provas com movimento e de 73,93% (IC95: 73,28-74,59%) nas provas sem movimento. Quando apenas os ensaios de deteção foram considerados, observou-se um efeito maior (movimento: 71,79%, IC95: 61,53-82,05%; não movimento: 89,62%, IC95: 87,15-92,09%), o que está de acordo com o estudo de (Ollerenshaw et al., 2012). No limiar de discriminação (diferença de frequência de 50 Hz), uma tendência semelhante estava presente, mas nenhuma significância foi alcançada (movimento: 48,00%, IC95: 28,00-68,00%; não movimento: 59,29%, IC95: 52,65-65,93%; **Fig. 11C**).

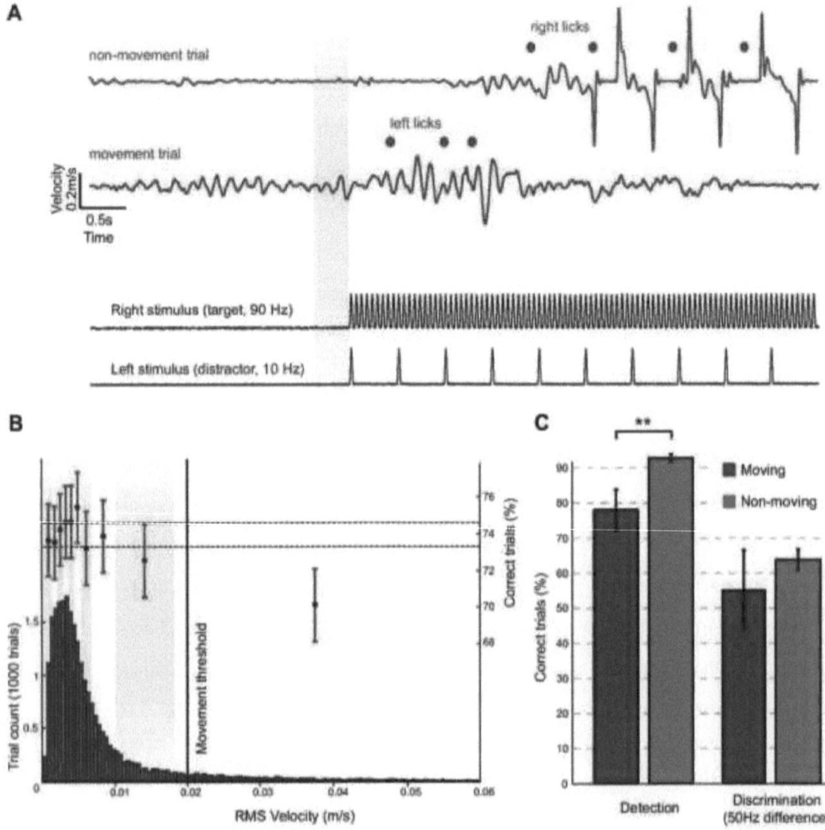

Figura 11. Movimento do bigode e desempenho comportamental - o movimento do bigode antes da apresentação do estímulo diminuiu o desempenho da tarefa.

A. Exemplos de ensaios que demonstram a presença ou ausência de movimentos do bigode na fase pré-estímulo da estimulação sensorial (-200 ms, sombreado cinzento). Os dois traços superiores mostram a velocidade do bigode num ensaio sem movimento e num ensaio com movimento. Os pontos vermelhos e verdes indicam as lambidas à esquerda e à direita, respetivamente. Os dois traços inferiores mostram os estímulos sensoriais medidos por um sensor de extensómetro em cada estimulador. A estimulação sensorial foi a mesma em ambos os ensaios, com o alvo a ser apresentado no lado direito. **B.** O histograma mostra a distribuição da velocidade média quadrática (RMS) pré-estímulo em todos os ensaios. A linha preta vertical indica o limiar da velocidade RMS para a classificação dos ensaios de movimento. Este foi o caso em~ 9% de todas as tentativas

(2.268 de 25.287 ensaios). Para visualizar a distribuição do desempenho comportamental para diferentes velocidades RMS, os ensaios foram divididos em quantis de 0,1 (sombreado cinzento) e o desempenho comportamental foi calculado para cada um deles. As barras de erro representam intervalos de confiança de 95% e as linhas horizontais o intervalo de confiança de 95% para todos os ensaios. **C.** O desempenho comportamental em ensaios sem movimentos dos bigodes é melhor do que em ensaios com movimentos dos bigodes. A análise apenas dos ensaios de deteção conduziu a uma queda mais forte e significativa (teste do χ^2, $P < 0,01$) em comparação com os ensaios no caso da discriminação (no limiar, diferença de 50 Hz). **Nível de significância $P < 0,01$.

3.5. Discussão

No presente estudo, descrevemos um paradigma de discriminação de frequências em ratos e ratazanas fixados à cabeça. Duas frequências vibrotácteis foram apresentadas simultaneamente a bigodes individuais nos lados esquerdo e direito do focinho do animal. A tarefa consistia em indicar o lado de apresentação da frequência alvo, lambendo um dos dois possíveis bicos de água. Tanto quanto sabemos, este é o primeiro paradigma de discriminação de frequências bilateral e a primeira descrição de uma tarefa 2-AFC em ratos e ratazanas com cabeça fixa. Verificámos que tanto os limiares perceptivos como as curvas psicométricas eram muito semelhantes para ratos e ratazanas. Assim, os nossos resultados mostram que os ratos podem atingir um comportamento discriminativo complexo num paradigma inicialmente concebido para ratos no nosso laboratório. O limiar percetual médio foi de 50,6 Hz (fração de Weber de 0,56) e 53,0 Hz (fração de Weber de 0,58) de diferença de frequência nos ratos e ratazanas, respetivamente. As inclinações das curvas psicométricas dos ratos e camundongos foram de 1,82 e 2,00, respetivamente. Os ratinhos e as ratazanas realizaram, em média, >400 ensaios por dia (>200 ensaios/sessão, 2 sessões/dia), com um desempenho máximo de >90% para a tarefa de deteção em ambas as espécies. O tempo médio de reação foi de 334 ms para os ratos e de 486 ms para os ratinhos e foi mais longo para os ensaios com erro do que para os ensaios corretos. A distribuição do tempo de reação encontrada neste estudo foi semelhante à de tarefas previamente descritas (Carpenter e Williams, 1995). A motivação e a impulsividade variavam consoante os animais, mas eram semelhantes nas duas espécies. Finalmente, pudemos demonstrar que os animais treinados raramente moviam o bigode antes da apresentação do estímulo (9% das tentativas). Nos ensaios em que o movimento do bigode ocorreu, observámos uma queda significativa no desempenho da discriminação. Os enviesamentos das respostas puderam ser reduzidos com sucesso utilizando uma correção de enviesamento previamente publicada (Knutsen, 2006). Embora a mecânica de rotação da cabeça tenha sido encerrada para a maior parte dos dados apresentados neste estudo e não seja essencial para todo o procedimento de treino, é uma ferramenta valiosa para estimular os animais e evitar eventos de lambidelas precoces. Além disso, permite uma implementação simples de uma tarefa de memória de trabalho. Os animais podem ser forçados a esperar após o desvio do estímulo, mantendo o sistema de travão fechado durante um período de atraso variável antes de ser permitida uma resposta através da abertura do travão. O facto de o animal poder virar a cabeça para recuperar uma recompensa de dois locais diferentes também permitiria estudar os correlatos neuronais movimentos de orientação da cabeça (Erlich et al., 2011; Taube et al., 1990), mantendo as vantagens da preparação com a cabeça fixa.

Discriminação de frequências em diferentes espécies

Os paradigmas de discriminação de frequências foram realizados anteriormente em ratos, macacos e seres humanos (Gerdjikov et al., 2010; LaMotte e Mountcastle, 1975; Mountcastle et al., 1990). O limiar percetivo para as diferenças de frequência, no entanto, depende da localização e do momento dos estímulos. A maioria das tarefas publicadas até à data envolveu uma componente de memória de trabalho. Nestes paradigmas, as frequências eram apresentadas consecutivamente ao órgão sensorial e, assim, o sujeito tinha de as comparar em sequência (escolha forçada de 2 intervalos; ver (Hernandez et al., 1997)). O nosso paradigma é diferente na medida em que os estímulos de um único bigode aplicados simultaneamente tinham de ser comparados entre as almofadas dos bigodes esquerdo e direito enquanto os estímulos eram apresentados. A comunicação inter-hemisférica e a perceção concomitante de dois estímulos necessários para resolver esta tarefa podem envolver processos neuronais que são distintos daqueles envolvidos numa tarefa de memória de trabalho. Os limiares de frequência e as fracções de Weber resultantes foram mais elevados, tal como relatado em tarefas de memória de trabalho em ratos (Gerdjikov et al., 2010) e macacos e humanos (LaMotte e Mountcastle, 1975; Mountcastle et al., 1990). Além disso, foi demonstrado em seres humanos que o desempenho de discriminação era mais preciso quando as frequências eram aplicadas sequencialmente ao mesmo dedo. O desempenho da discriminação diminuiu quando as frequências foram apresentadas a dedos correspondentes em ambas as mãos (Harris et al., 2001). No entanto, a entrada vibrotáctil que chega simultaneamente de ambos os lados pode ser comportamentalmente relevante quando os roedores navegam na escuridão em ambientes estreitos. As vibrações do bigode podem ser geradas pela textura das paredes e do solo em ambos os lados do animal e conduzir a estímulos simultâneos que podem ser utilizados para orientação nestas situações. As vibrações passivas do bigode (ou seja, quando o animal não está a mexer ativamente) podem ser um cenário comum que os roedores encontram no seu ambiente natural. Trabalhos anteriores mostraram que os ratos que se moviam livremente eram capazes de discriminar com precisão pequenas variações do tamanho das aberturas sem a necessidade de movimentos activos dos bigodes (Krupa et al., 2001). Além disso, observámos um desempenho de discriminação inferior quando os animais moviam os bigodes imediatamente antes da apresentação do estímulo. Os movimentos activos dos bigodes são frequentemente observados quando os animais têm de se debruçar sobre uma abertura para discriminar diferentes texturas (Carvell e Simons, 1990; Cybulska-Klosowicz e Kossut, 2000; von Heimendahl et al., 2007; Morita et al., 2011) e, por conseguinte, dificultam a utilização dos movimentos do corpo para contactar texturas. No entanto, ainda não existem dados de rastreio de bigodes de animais em movimento livre que discriminem propriedades de paredes muito próximas.

Ratos e psicofísica

A questão de saber por que razão é necessário transferir para ratinhos uma tarefa psicofísica que foi desenvolvida para ratos requer uma resposta. As dificuldades mecânicas de reduzir o tamanho dos componentes do aparelho comportamental e os problemas potenciais de seguir o movimento dos bigodes de um animal com cerca de um décimo do peso de um rato contrariam esse esforço. Existem, no entanto, várias vantagens, especialmente no que diz respeito à combinação com técnicas de imagiologia e eletrofisiologia de ponta que exigem paradigmas comportamentais bem controlados para ratinhos fixados à cabeça. O rato é atualmente o organismo modelo genético de mamíferos mais bem desenvolvido, permitindo leituras específicas do tipo de célula e a manipulação da atividade neuronal (Luo et al., 2008). A aquisição paralela de curvas psicométricas e neurométricas é um dos padrões de excelência em neurociência cognitiva e de sistemas para compreender o papel dos neurónios individuais no comportamento (Parker e Newsome, 1998). A psicofísica aqui descrita permitirá, por conseguinte, a expansão deste tipo de investigações a um nível específico do tipo de célula e lançará luz sobre a contribuição de elementos neuronais individuais para os processos de decisão perceptiva. Aqui demonstramos que os ratos são capazes de realizar tarefas que há muito são um padrão no comportamento e na neurofisiologia de macacos com cabeça fixa (Wurtz et al, 1968). Os animais estavam altamente motivados em todos os níveis de dificuldade e efectuaram várias centenas de tentativas por dia com níveis máximos de desempenho elevados. Em conclusão, podemos afirmar que as duas espécies de roedores (ratos e ratazanas) têm capacidades muito semelhantes para a discriminação de frequências no paradigma 2-AFC aqui descrito.

Paradigma 2-AFC vs. paradigma Go-NoGo

Vários laboratórios estão atualmente a utilizar os paradigmas Go-NoGo para medir a psicofísica em roedores fixados à cabeça (Andermann, 2010b; Gerdjikov et al., 2010; O'Connor et al., 2009). Estes paradigmas são bem adequados para obter curvas psicométricas de roedores fixados à cabeça que realizam tarefas de discriminação e deteção sensoriais. Em todas essas tarefas, os animais são submetidos à privação de água para motivação. Os animais privados de água são, no entanto, propensos a comportamentos impulsivos, uma vez que as respostas medidas estão estreitamente ligadas à pressão para obter uma recompensa. Num paradigma Go-NoGo, é difícil implementar o facto de o animal receber uma recompensa na condição Go e na condição NoGo. Isto é mais simples nas tarefas 2-AFC, uma vez que o animal pode obter uma recompensa em cada tentativa. Outro obstáculo presente no paradigma Go-NoGo é o facto de os animais poderem contaminar o limiar medido ao desenvolverem uma forte tendência de resposta para os estímulos Go ou NoGo (para uma revisão das diferentes estratégias da tarefa, ver (Stüttgen, 2011). Embora os animais não tenham apresentado um forte comportamento de resposta estereotipado (enviesamento posicional: preferência pelo lado esquerdo ou direito, comportamento de comutação esquerda/direita, etc.), isto pode ser um problema numa tarefa 2-AFC. No entanto, este tipo de comportamento pode ser facilmente inibido através da implementação de um algoritmo de correção de enviesamento. Na tarefa Go-NoGo é difícil distinguir uma falta de motivação ou lapsos de atenção de falsas rejeições ou rejeições corretas. O paradigma 2- AFC é, por conseguinte, ideal para a investigação do processamento neuronal dependente do estado comportamental. A dissociação da recuperação da recompensa per se (i.e., lambidelas) da ação de relato do estímulo (i.e., a escolha de 1 de 2 locais de recompensa) permite uma distinção clara entre ensaios corretos, incorrectos e falhados. Além disso, a tarefa pode ser facilmente modificada para se adaptar a um paradigma de sim-não, fornecendo apenas um único estímulo por ensaio.

Perspectivas

O aparelho e o paradigma comportamental apresentados foram concebidos para combinar a imagem de dois fotões e a eletrofisiologia com medições psicofísicas simultâneas. A dura-máter dos ratos é transparente e, por conseguinte, facilita a utilização de imagens funcionais de alta resolução, como a imagem de dois fotões. A qualidade das imagens de dois fotões dos neurónios neocorticais obtidas em ratinhos parece ser superior às obtidas em ratos (observações nossas e de Helmchen F e Kampa BM, comunicação pessoal). A densidade e o tamanho dos vasos podem desempenhar um papel na quantidade de fotões dispersos que podem ser recolhidos. Embora seja possível reduzir estes efeitos através de técnicas de troca de sangue em animais anestesiados (Haiss et al., 2009), a utilização a longo prazo desta técnica em animais com comportamento parece não ser viável num futuro próximo. O rato é, por conseguinte, um excelente organismo modelo que combina ferramentas genéticas e a possibilidade de obter imagens de grandes populações de neurónios em animais comportamentais (Dombeck et al., 2010). Além disso, a utilização de animais transgénicos, como as linhas Cre driver, permite a expressão de indicadores ou marcadores funcionais em subconjuntos específicos de neurónios (O'Connor et al., 2009; Zariwala et al., 2011). O paradigma 2- AFC fixado na cabeça apresentado aqui promete, portanto, ser uma estrutura valiosa para a realização de imagens de dois fótons no mouse enquanto mede sua psicofísica.

4. Projeto 2: Evolução a longo prazo das respostas neurais no córtex do barril durante a aprendizagem de uma tarefa de escolha forçada bilateral vibrotáctil com duas alternativas

4.1. Resumo

Foi demonstrado que o córtex somatossensorial primário (S1) apresenta plasticidade dependente da experiência. No entanto, pouco se sabe sobre a dinâmica a longo prazo das respostas neuronais na camada cortical 2/3 devido ao envolvimento numa tarefa orientada pelos sentidos. Para avaliar o impacto da aprendizagem no processamento somatossensorial, realizámos imagens crónicas de cálcio de dois fotões na camada 2/3 do S1 do rato acordado durante uma tarefa de escolha forçada bilateral de duas alternativas guiada pelos sentidos. Durante o desempenho contínuo, o envolvimento comportamental na tarefa aumentou a amplitude dos transientes de cálcio, em comparação com ensaios sem participação ativa na tarefa. Além disso, observámos um rápido aumento dos transientes de cálcio quando um estímulo vibrotáctil se torna comportamentalmente relevante para o animal, mostrando uma modulação a longo prazo das respostas tácteis em S1. As gravações dos mesmos ratos sob anestesia mostraram que o aumento progressivo da amplitude do transiente de cálcio com o aumento das taxas de repetição do estímulo vibrotáctil foi interrompido após o treino a longo prazo na tarefa. Além disso, elucidámos que os estímulos contralaterais evocavam respostas neuronais maiores em comparação com respostas neuronais moderadas a estímulos ipsilaterais na camada 2/3 de S1. Em suma, o contexto da aprendizagem desempenha um papel distinto na modelação da forma como os estímulos somatossensoriais são representados na camada 2/3 nas fases iniciais do processamento cortical. Os nossos resultados contribuem para uma melhor compreensão do processamento neuronal durante a aprendizagem de uma tarefa complexa dependente do bigode.

4.2. Introdução

Uma função crucial do sistema nervoso é a adaptação comportamental a um ambiente em constante mudança. Esta adaptação é conseguida através da aprendizagem contínua, que pode ser definida como a aquisição de acções e previsões adequadas ao contexto (Hollerman e Schultz, 1998). Pensa-se que a neuroplasticidade ao nível das sinapses e das vias neuronais está subjacente à aprendizagem (Rosselet et al., 2011). A plasticidade neuronal pode ocorrer quando o cérebro modifica ou cria novas ligações neuronais devido à aprendizagem, mas também em resposta à experiência sensorial (Hofer et al., 2009; Holtmaat e Svoboda, 2009; Trachtenberg et al., 2002). É interessante notar que as áreas corticais sensoriais podem apresentar neuroplasticidade (Gilbert et al., 2001) e alterações no mapa topográfico (Ohl e Scheich, 2005; Sur, 2005), não só durante o desenvolvimento, mas também na idade adulta. Quando o córtex sensorial sofre plasticidade, a resposta neural para o mesmo estímulo sensorial é alterada (Blake et al., 2006).

Neste estudo, investigámos o impacto do envolvimento numa tarefa orientada pelos sentidos na camada cortical 2/3 neurónios no córtex sensorial primário (S1). O S1 é adequado para estudar a ligação entre a neuroplasticidade e a aprendizagem, uma vez que recebe inputs sensoriais ascendentes de receptores sensoriais e inputs descendentes de áreas cerebrais envolvidas em funções cognitivas, atenção e reforço comportamental (Polley, 2006). Além disso, o córtex sensorial é altamente maleável e exibe plasticidade dependente da experiência numa variedade de paradigmas (Bieszczad et al., 2013; Galvez, 2006) e tem um papel causal em tarefas de deteção (Sachidhanandam et al., 2013). Na maioria dos mamíferos, as propriedades funcionais dos neurónios da camada 2/3 são fortemente reguladas pelo estado comportamental do animal (Kato et al., 2015; Petersen e Crochet, 2013) e, por conseguinte, são particularmente adequadas para estudar o impacto da neuroplasticidade no processamento sensorial. No entanto, a forma como as alterações a longo prazo nas respostas dos neurónios da camada cortical 2/3 em S1 estão relacionadas com a aprendizagem permanece em grande parte desconhecida. A microscopia de dois fotões permite obter imagens da superfície cortical até algumas centenas de micrómetros de profundidade, o que engloba as camadas corticais 1 e 2/3, sendo por isso adequada para estudar a aprendizagem no córtex (Kerr et al., 2005; Ohki e Reid, 2014). Além disso, tem sido utilizado para obter imagens de animais acordados e com comportamento (Andermann, 2010a; Huber et al., 2008; Komiyama et al., 2010; Peron et al., 2015). Aqui aproveitamos a microscopia de dois fótons para obter imagens de transientes de cálcio no córtex somatossensorial primário de ratos enquanto aprendemos uma tarefa de escolha forçada de duas alternativas (2-AFC) ao longo de quatro meses. Durante a tarefa 2-AFC, o animal teve que relatar o lado do focinho onde um estímulo de um único bigode foi apresentado e, em um estágio posterior, discriminar dois estímulos vibrotáteis apresentados simultaneamente (Mayrhofer et al., 2013).

Aqui relatamos efeitos de plasticidade devido ao comportamento a longo prazo na tarefa 2-AFC e o impacto do envolvimento no processamento sensorial online. No animal acordado, mostramos um rápido aumento da representação neuronal dos mesmos estímulos vibrotácteis, uma vez que estes ganharam relevância comportamental na tarefa guiada pelos sentidos. Além disso, os efeitos de plasticidade foram visíveis sob anestesia. Relatamos que a tendência estatisticamente significativa de um aumento nos transientes de cálcio com o aumento das taxas de repetição do estímulo foi abolida devido ao treino a longo prazo numa tarefa de 2-AFC. Além disso, explorámos a representação de diferentes categorias comportamentais durante o comportamento em curso, mostrando que o envolvimento numa tarefa guiada pelos sentidos se correlaciona com alterações na representação de estímulos vibrotácteis.

Enquanto a nossa questão-chave dizia respeito às mudanças de plasticidade na função neural durante a aprendizagem, uma questão adicional abordada no nosso paradigma foi a representação cortical de estímulos contralaterais versus ipsilaterais. No sistema de bigodes de roedores, a informação sensorial é completamente lateralizada subcorticalmente até atingir o S1 (Shuler et al., 2001). No neocórtex, a comunicação inter-hemisférica é conseguida através do corpo caloso, que é composto por fibras axonais das camadas 2/3, 5 e 6 (Palmer et al., 2012; Ramos et al., 2008). Os axónios do corpo caloso projectam-se principalmente para áreas cerebrais homotópicas (Zhou et al., 2013). Apesar de os neurónios do córtex do barril responderem melhor à estimulação dos bigodes contralaterais, também são influenciados pela estimulação dos bigodes ipsilaterais, como demonstrado pelo potencial de campo local evocado e pela atividade de espirro na camada 5 (Li, 2005). No entanto, ainda não se sabe se os neurónios da camada 2/3 respondem a estímulos ipsilaterais. Aqui aproveitámos a nossa tarefa 2- AFC para explorar esta questão.

4.3. Métodos

Animais

Os sujeitos incluíram seis ratos C57BL/6 machos (m1, m2, m3, m4, m5, m6). Todos os animais pesavam aproximadamente 25 gramas e tinham mais de 15 semanas de idade na altura da cirurgia. Os ratos foram alojados num ciclo invertido de 12 horas dia/noite e todas as manipulações, treinos e imagiologia tiveram lugar durante a fase ativa. Todos os procedimentos experimentais e cirúrgicos foram aprovados pelas autoridades veterinárias locais e estão em conformidade com as diretrizes da Lei suíça de proteção dos animais, Serviço Veterinário, Kanton Zürich (Lei de proteção dos animais de 16 de dezembro de 2005 e Portaria de proteção dos animais de 23 de abril de 2008).

Procedimentos cirúrgicos

Todas as cirurgias foram efectuadas sob anestesia com isofluorano (1-3%) e a profundidade da anestesia foi verificada pelo reflexo de retirada da pata traseira. A temperatura corporal foi monitorizada através de uma sonda de temperatura rectal e mantida a 37°C com uma almofada de aquecimento controlada por feedback (Harvard Apparatus, Holliston, MA, EUA). As cabeças dos animais foram fixadas num aparelho estereotáxico e foi injectada uma substância estética local (Bucain) por via subcutânea antes da incisão no couro cabeludo. Os olhos foram protegidos com creme para os olhos com vitamina A. Após cada cirurgia, foi aplicada uma pomada antibiótica na ferida (Cicatrex), que foi depois suturada e a pele fixada ao poste da cabeça com cola acrílica. Os animais receberam analgésicos (Novaminsulfon, 50%; Sintetica, Suíça) e foram deixados a recuperar durante uma semana. Foram administrados antibióticos (1 ml de Enrofloxacina (Baytril)/500 ml de água potável; Bayer, Leverkusen, Alemanha) após cada cirurgia.

Cirurgia de implante de pilar de cabeça

A pele foi removida do crânio. O crânio foi limpo com soro fisiológico e deixado secar, e o osso foi desbastado com uma broca dentária acima do córtex do barril esquerdo. Depois de identificar funcionalmente o córtex do barril com imagens ópticas intrínsecas usando iluminação de 630 nm, obtivemos um mapa cortical ligando a posição dos barris correspondentes a vários bigodes. De seguida, foi aplicado um agente de ligação (Gluma Comfort Bond; Heraeus Kulzer, Hanau, Alemanha). Deixou-se secar durante 40 s e depois polimerizou-se com luz azul (dispositivo portátil; 600 mW/cm2; Demetron LC, Bioggio, Suíça). Por cima do agente de ligação polimerizado, foram aplicadas camadas de cimento dentário fotopolimerizável (Tetric EvoFlow; Ivoclar Vivadent AG), sendo cada camada polimerizada durante 40 s com luz azul antes de a seguinte ser aplicada, de modo a formar um cabeçal. Um poste de alumínio feito à medida foi fixado ao cabeçal (3 mm caudal de lambda), que serviu para fixar a cabeça do animal (Mayrhofer et al., 2013).

Injeção de vírus e cirurgia da janela craniana

Uma semana após a primeira cirurgia, os ratos foram submetidos a outra cirurgia para injetar o vírus adeno-associado recombinante (rAAV) que expressa o indicador de cálcio fluorescente codificado geneticamente Yellow Cameleon 3.60 (YC3.60) (n=5) ou GCaMP6f (AAV1.Syn.GCaMP6f.WPRE.SV40, n=1) (Chen et al., 2013; Nagai et al., 2004) e para colocar a janela craniana no lugar. Na cirurgia, o cimento dentário acima do córtex do barril esquerdo foi perfurado, o crânio foi removido e 250 nl de rAAV (com a velocidade de 40 nl/min) carregando a construção YC3.60 ou GCaMP6f foram injetados a aproximadamente 300-µm de profundidade em

camada 2/3, no local identificado com a ótica intrínseca. A expressão selectiva em neurónios de ambas as construções de AAV (YC3.60 e GCaMP6f) foi conduzida por um promotor de sinapsina humana (Lütcke, 2010). Os vírus foram diluídos 1:1 com manitol (20%, B. Braun, Suíça), para aumentar a área de infeção (Mastakov et al., 2001). Foram administrados através de uma pipeta de vidro fina por meio de injeção estereotáxica (Mayrhofer et al., 2015b) dirigida à área cortical escolhida. Foi colocada uma janela de vidro (3 × 3 mm; UQG Optics Ltd, UK) sobre o córtex do barril e selada com cimento dentário.

Configuração experimental

O treino comportamental foi efectuado no interior da caixa de captação de imagens de dois fotões (**Fig. 12E**). A caixa de montagem era à prova de luz. Os estímulos do bigode foram apresentados através de um capilar de vidro de 15 mm de comprimento GB 120-8P; Science Products GmbH, Alemanha; a ponta foi derretida para reduzir o espaço morto) montado num atuador de flexão piezoeléctrica (T223-H4CL-303X; Piezo Systems, Woburn, MA, EUA; taxa de repetição ressonante de 440 Hz do elemento piezoelétrico), amplificado por um controlador piezoelétrico (MDT693A; Thorlabs, EUA) e fixado num braço articulado (Baitella, Zurique, Suíça). Um sensor de deslocamento a laser (resolução de 0,1 µm a uma taxa de amostragem de 2,5 kHz, ILD1700-2; MicroEpsilon, Ortenburg, Alemanha) foi utilizado para calibrar o movimento do estimulador e dos sensores de strain gauge montados diretamente no elemento piezoelétrico (exemplos de gravações foram publicados em (Mayrhofer et al., 2013). Além disso, foi reproduzido ruído branco auditivo de 80 dB para mascarar as potenciais pistas auditivas do estimulador piezoelétrico, impedindo assim o animal de as utilizar para resolver a tarefa. Um único bigode de cada lado foi colocado no capilar de vidro. O estímulo tinha a duração de 1s e consistia numa série de deflexões na direção rostro-caudal. A velocidade de pico de um pulso protótipo (de uma onda cossenoidal de 120 Hz de período único) foi constante; a taxa de repetição dos estímulos vibrotácteis foi de 10, 40 ou 90 Hz e a amplitude de pico de 120 µm. O estimulador estava a uma distância de 4 mm da almofada do bigode com uma amplitude de pico a pico de 1,72° e velocidade máxima de 648°/s. O intervalo intertrial foi mantido constante em 9s durante todo o protocolo. A instalação foi iluminada com luzes infravermelhas invisíveis para o animal, e uma câmara CMOS foi utilizada para monitorizar os bigodes, a fim de garantir a sua permanência nos capilares de vidro. Em frente do animal, foram colocadas duas bicas de água a cerca de 15 graus da posição central, à esquerda e à direita do animal. Os sensores piezoeléctricos colados nos esguichos mediram a atividade de lamber (LDT0-028K; Measurement Specialties, Hampton, VA, EUA). Duas válvulas solenóides (Bürkert, Ingelfingen, Alemanha) controlavam o fornecimento de água aos bebedouros. Todo o aparato comportamental foi controlado com programas LabVIEW (National Instruments) escritos à medida, utilizando placas de aquisição de dados multifuncionais (PCI-6259; National Instruments).

Imagem de dois fotões e treino comportamental

Após uma semana de recuperação após a injeção do vírus e a cirurgia de colocação da janela craniana, os ratos foram manipulados 25 minutos por dia, 5 dias por semana, durante 2 semanas consecutivas. Em cada sessão de treino após a manipulação, treinámos os animais para tolerar a fixação da cabeça. Aumentámos progressivamente o tempo de fixação da cabeça para permitir que se aclimatassem a ela, de modo a poderem tolerar a fixação da cabeça durante 25 minutos sem sinais de stress.

Três semanas após a cirurgia de injeção do vírus, realizámos várias sessões de imagiologia para cada rato sob anestesia (isofluorano 0,9-1,3%), a fim de encontrar uma população neuronal adequada para a imagiologia. Foram utilizados mapas de imagens ópticas intrínsecas para localizar a área cortical correspondente a um determinado bigode (**Fig. 12A**). O bigode que escolhemos para estimular em cada animal foi mantido constante ao longo do protocolo e escolhido com base no mapa IOI e na área de expressão (**Fig. 12B**). Optámos por criar imagens no barril ao lado do barril principal com base em indicações de investigações anteriores (Margolis et al., 2012). O YC3.60 GECI mostrou uma expressão estável ao longo de toda a duração do protocolo de imagiologia, sem sinais de citotoxicidade, uma vez que não foi possível observar qualquer preenchimento nuclear (Packer et al., 2014). Cada estímulo teve a duração de 1 s e foi sempre aplicado ao mesmo bigode de cada lado do focinho do rato em cada sessão de imagiologia e monitorizado com uma câmara CCD.

Sessões de imagiologia de base

Foram realizadas sessões de imagiologia de base para caraterizar a atividade neuronal evocada de neurónios do córtex de um único barril a estímulos vibrotácteis antes de qualquer aprendizagem. Os estímulos de várias taxas de repetição foram apresentados a um único bigode no lado esquerdo ou direito do focinho do rato. Para além dos estímulos unilaterais, também apresentámos ao animal estímulos bilaterais em que uma taxa de repetição era apresentada num dos lados do focinho do rato e estímulos com a mesma duração mas taxas de repetição diferentes eram aplicados simultaneamente no lado oposto do focinho.

Nestas sessões de imagiologia de base, foram apresentadas aos animais 40 repetições de cada um dos 7 conjuntos de estímulos seguintes: 10 Hz contralateral, 40 Hz contralateral, 90 Hz contralateral, 10 Hz contralateral com 90 Hz ipsilateral, 40 Hz contralateral com 90 Hz ipsilateral, 90 Hz contralateral com 10 Hz ipsilateral e 90 Hz contralateral com 40 Hz ipsilateral em relação ao local de imagiologia. Esse conjunto de estímulos unilaterais e bilaterais intercalados aleatoriamente formou um conjunto fixo de 280 (7x40) estímulos que foi apresentado ao animal durante cada sessão de linha de base.

Cada uma destas sessões de imagiologia de base foi realizada primeiro no animal acordado, treinado para tolerar a fixação da cabeça no microscópio de dois fotões e, imediatamente a seguir, sob anestesia (0,7% de isofluorano em oxigénio). Isto permitiu-nos analisar as respostas aos mesmos estímulos em diferentes estados cerebrais. Registámos a atividade de uma população neuronal na camada 2/3 do córtex correspondente ao barril vizinho do bigode estimulado.

Treinar animais na tarefa 2-AFC

Para avaliar o impacto da aprendizagem, concebemos uma tarefa 2-AFC em que a água funcionava como recompensa. Treinámos os ratos com a cabeça fixa nesta tarefa de condicionamento operante, na qual tinham de indicar o lado em que um estímulo vibrotáctil pulsátil com a duração de 1s era apresentado a um único bigode, no lado esquerdo ou direito do focinho do rato. Uma vez que a água funcionou como recompensa na tarefa, os ratos foram sujeitos a um regime de restrição de água após a conclusão da série de imagens de base. O peso corporal foi medido antes de cada sessão comportamental. Se o animal não recuperasse 90% do seu peso corporal normal durante o treino, era depois dada água gratuitamente para o compensar. Após a apresentação do estímulo, o animal tinha uma janela de oportunidade de 2 s para lamber uma das duas bicas de água, situadas à sua esquerda e à sua direita. Lamber a bica que correspondia ao lado em que o estímulo era apresentado contava como uma tarefa corretamente resolvida (referida como "correta", **Fig. 17A**) e era dada água ao animal como recompensa. A recompensa em água era de 5 µl por tentativa. Lamber o bico do lado oposto ao lado em que o estímulo foi apresentado foi considerado uma resposta de erro (referida como "erro", **Fig. 17A**) e não foi dada água. A tarefa 2-AFC permitia ao animal reter uma resposta, o que não resultava numa resposta correta nem numa resposta de erro, mas numa terceira categoria de respostas de tentativas falhadas (designada por "erro", **Fig. 17A**). A consequência de uma resposta de erro ou de uma tentativa falhada era a ausência de água. O intervalo entre tentativas era de 9 segundos.

A imagiologia de dois fotões dos neurónios do córtex do barril foi realizada durante cada sessão comportamental que se seguiu às sessões de imagiologia da linha de base. A mesma população de neurónios foi fotografada durante a linha de base e a aprendizagem. Cada animal teve uma sessão de imagiologia por dia, 5 dias por semana. Os registos da anestesia durante a linha de base foram comparados com os registos da anestesia após a aprendizagem, e os registos acordados durante a linha de base foram comparados com os registos acordados. Desta forma, as possíveis alterações relacionadas com a aprendizagem foram comparadas nas mesmas configurações experimentais (acordado ou anestesiado). Além disso, comparámos os registos da linha de base entre as duas condições para detetar possíveis diferenças entre os dois estados.

A primeira fase de treino da tarefa 2-AFC consistiu em apresentar ao animal um estímulo-alvo de 90 Hz no lado esquerdo ou direito do focinho do rato e a água foi dada automaticamente na bica que correspondia ao lado em que o estímulo-alvo foi apresentado (em média 128 ensaios por sessão). O animal podia recuperar a recompensa da água lambendo a bica onde a água era apresentada sem ter de resolver a tarefa, ou seja, sem ter de detetar o lado onde o estímulo vibrotáctil era apresentado. Esta fase do protocolo permitiu ao animal estabelecer a ligação entre o lado do estímulo vibrotáctil e o lado da recompensa. Durante esta primeira fase, a cada 8-12 tentativas, era apresentada uma tentativa durante a qual a água não era dada automaticamente.

Isto foi feito para testar se o animal era capaz de resolver a tarefa lambendo primeiro o bico correto para desencadear uma recompensa de água (ensaios de "sonda"). Se o animal conseguisse atingir um desempenho correto de 75%, tendo em conta apenas as respostas aos ensaios de sonda em três sessões consecutivas, passava à segunda fase do treino. A primeira fase durou entre 10 e 20 sessões (o desempenho comportamental de todos os animais é apresentado na **Fig. 1 suplementar**).

Na segunda fase do treino (fase de deteção), a água não era dada automaticamente. Uma resposta correta consistia em lamber a bica correspondente ao lado em que o estímulo era apresentado. Isto activava o sensor de vibrações do detetor da bica e fazia com que a válvula de água se abrisse e libertasse a recompensa de água. Se o animal lambesse a bica do lado oposto ao lado em que o estímulo era apresentado, a resposta era incorrecta. Neste caso, a lambidela não activava a bica e a libertação da água. Assim, nesta fase, é apenas a resposta comportamental do animal que pode fazer com que a recompensa seja dada.

A terceira fase (fase de discriminação) do treino consistiu na introdução de um estímulo apresentado simultaneamente com uma taxa de repetição mais baixa (estímulo distrator) do que o estímulo alvo contralateral ao lado de apresentação do alvo. Nas últimas 3-6 sessões comportamentais (após 12±6 sessões na fase de deteção), a taxa de repetição do estímulo distrator de 10 Hz foi introduzida em 30% das tentativas. O animal tinha de discriminar o estímulo-alvo de 90 Hz do estímulo distrator de 10 Hz e lamber o bico do lado em que o estímulo-alvo de 90 Hz era apresentado.

Após cada 5-10 sessões de imagiologia, realizámos uma sessão sob anestesia com o mesmo conjunto de estímulos que foi apresentado durante as sessões de imagiologia de base. Isto serviu de controlo para monitorizar possíveis efeitos de plasticidade que poderiam ser visíveis durante a anestesia. Após a conclusão do treino na tarefa 2-AFC , os animais tiveram 5 sessões no estado anestesiado apenas com o mesmo conjunto de estímulos que nos registos de base.

Imagem de dois fotões

Todas as imagens foram obtidas com um microscópio de varrimento a laser de dois fótons personalizado, conforme descrito anteriormente (Mayrhofer et al., 2015a). A expressão do vírus YC3.60 na célula neuronal foi excitada com um laser Ti:safira (870 nm, Chameleon Ultra II; Coherent, Santa Clara, CA, EUA). A luz emitida pelo indicador de cálcio fluorescente YC3.60 foi detectada com dois módulos fotomultiplicadores GaAsP (H10770PA-40; Hamamatsu Photonics, Japão) com os seguintes filtros: espelho dicroico 515 DCXR, filtro passa-banda BrightLine HC 542/50 (canal amarelo) e filtro passa-banda BrightLine HC 475/64 (canal azul) (Semrock, Rochester, NY, EUA). Para o controlo do espelho de varrimento e a aquisição de dados do fotomultiplicador, foi utilizado o

Scanimage (Janelia Farm Research Campus (Pologruto et al., 2003)), que funciona em computadores pessoais com placas de aquisição de dados multifuncionais da National Instruments. As imagens tinham uma resolução de 128x128 para o sinal funcional, adquiridas a uma taxa de repetição de 15 Hz. As imagens anatómicas foram adquiridas com uma resolução de 256x256. A mesma população neuronal foi rastreada ao longo dos dias em cada animal e em todas as sessões de imagiologia. Em todos os animais as imagens foram obtidas na camada cortical 2/3. Nos animais com YC3.60 (n=5), obtivemos imagens de um total de 206 neurónios e com GCaMP6f (n=1) 86 neurónios (para os dados da **Fig. 14E**) e 56 neurónios (para os dados da **Fig. 17D** e **E**). Para cada sessão de imagens em vigília, o movimento dos bigodes foi registado com uma câmara CCD (Pixelfly, PCO, Alemanha) e foi utilizada iluminação infravermelha (850 nm) durante toda a duração da sessão. Todos os bigodes foram aparados regularmente (apenas na ponta), exceto a fila de bigodes onde se encontrava o bigode estimulado.

Análise de dados

A análise de dados das imagens de cálcio foi efectuada com o Matlab (MathWorks, EUA) e o ImageJ (ImageJ, U.S. National Institutes of Health, EUA, http://imagej.nih.gov/ij/). As regiões de interesse (ROI) foram selecionadas manualmente para cada sessão de imagiologia no ImageJ, tanto para os corpos celulares dos neurónios como para o neuropil. Os valores dos pixels de cada ROI foram somados separadamente para os dois canais do fotomultiplicador (proteína fluorescente amarela (YFP) e proteína fluorescente ciano (CFP)). Para cada um dos dois canais, subtraímos o fundo, encontrando o valor mínimo de pixel para cada filme de imagem e subtraindo-o depois de todos os pixéis do filme. A série temporal do rácio (R) foi obtida dividindo os valores do canal do fotomultiplicador YFP pelos valores do canal do fotomultiplicador CFP para cada uma das ROIs selecionadas. O valor médio de R da janela de tempo 1s antes do início do estímulo foi considerado como a atividade de linha de base (R_0) e os traços individuais foram calculados de acordo com a fórmula $\Delta R/R0 = (R-R0)/R0$. Os filmes de imagem foram alinhados ao longo dos ensaios, maximizando as correlações através de deslocamentos xy-rígidos dos quadros. Foi utilizado um algoritmo baseado no modelo de Markov oculto (Dombeck et al., 2007) para efetuar a correção do movimento. Os filmes com movimento na direção z ou xy foram excluídos com base nos seguintes critérios: o valor de correlação de cada ROI em cada fotograma de um determinado ensaio era superior ao valor de correlação mediano menos duas vezes o desvio padrão do valor de correlação de todos os ensaios numa sessão. Este limiar de correlação foi calculado para cada sessão separadamente. Se o transiente de cálcio de um determinado neurónio ultrapassasse um limiar de um desvio padrão para todo o ensaio em dois de três quadros, era classificado como um evento neuronal. Se a taxa de repetição destes eventos neuronais de uma determinada célula fosse superior a um desvio-padrão da taxa de eventos neuronais na imagem de base, então esta célula era classificada como reactiva ao estímulo. Para calcular os transientes de cálcio para cada neurónio, o ΔR/RO de 0 ms a 1000 ms em relação ao início do estímulo foi integrado para cada ensaio (_^R/R0dt: área sob Ca2+ transiente em %s). Publicações anteriores mostraram que o Ca2+ a resposta é aproximadamente linearmente proporcional ao disparo de potenciais de ação para disparo moderado (Lütcke et al., 2013). As atividades neuronais de célula única de todos os seis animais (m1, m2, m3, m4, m5, m6) foram normalizadas para a atividade mediana de cada animal em todas as frequências e células-alvo e foram agrupadas para análise de dados subsequente.

Uma vez que as diferentes categorias de respostas tinham números de ensaios diferentes, normalizámos os números de ensaios em cada categoria por seleção aleatória. Separámos o conjunto global de neurónios em três categorias distintas, dependendo da magnitude das suas respostas em "baixa", "média" e "alta" (**Fig. 13G** e **H**). As categorias foram atribuídas com base no facto de os níveis de atividade se situarem nos percentis mais baixos (menos de 50 %), médios (50 - 90 %) ou mais altos (90 - 100 %) do conjunto global de neurónios (**Fig. 13G** e **H**).

Aplicámos um classificador de máquina de vectores de apoio não linear (SVM) com um núcleo de função de base radial (RBF) para obter resultados de classificação de um único ensaio para animais individuais, utilizando a atividade de neurónios únicos que eram comuns em todas as sessões (**Tabela 1.**, todos os parâmetros aplicados estão na **Tabela Suplementar 1.**). Os hiperparâmetros da SVM (c, sigma) foram determinados com uma pesquisa em grelha (grelha exponencial 11x11) e, com base nesses hiperparâmetros, foram calculados os resultados da classificação. Apenas foram selecionados ensaios com uma taxa de repetição do alvo de 90 Hz e sem distractor, de modo a obter exatamente as mesmas condições em todas as classes. A validação cruzada quíntupla foi repetida cinco vezes (5x5) para evitar o sobreajuste dos resultados da classificação. Por razões computacionais, foi selecionado um máximo de 250 ensaios de cada classe através de uma subamostragem aleatória para efetuar a classificação. Para cada repetição do procedimento de classificação, foi selecionado aleatoriamente outro subconjunto dos 250 ensaios. Se as classes não estivessem equilibradas, para as ter em conta, era utilizada a "precisão equilibrada" para medir o desempenho. A exatidão equilibrada foi calculada como a média das taxas de verdadeiros positivos (TPR) de todas as classes.

Os resultados da classificação para selecionar as células mais ou menos activas foram combinados entre os animais, normalizando o eixo x de 0-100% do número total de células nos respectivos animais e, em seguida, interpolando e calculando a média das curvas de desempenho. O limiar de

80% foi escolhido como a diferença de 80% entre o nível teórico de probabilidade e o valor máximo, de acordo com a equação "limiar = nível de probabilidade + 0,8* (valor máximo - nível de probabilidade)". A pesquisa na grelha foi efectuada apenas uma vez para cada condição e animal, quando todas as células foram selecionadas, e utilizou os mesmos hiper-parâmetros (c, sigma) (**Tabela 1.**, todos os parâmetros aplicados constam da **Tabela Suplementar 1.**) para todas as tarefas de classificação subsequentes, utilizando subconjuntos ao selecionar k<N células mais/ menos activas.

O movimento dos bigodes foi analisado com um programa Matlab feito à medida e um software para rastreio totalmente automatizado das vibrissas (Clack et al., 2012). Se o movimento do bigode para um ensaio ultrapassasse um limiar escolhido (velocidade angular superior a 1,2 graus por 100 ms para 20% dos fotogramas num ensaio, 1s contém 10 fotogramas) para a deflexão angular dentro da janela de tempo de estimulação de 1s, era considerado movimento (graus por fotograma) e era descartado da análise (**Fig. 12F**).

As análises estatísticas foram efectuadas em R (versão 3.2.2, R Core Team, 2015), utilizando modelos de efeitos mistos lineares (Bates et al., 2014). Enquanto a análise convencional (por exemplo, testes t, ANOVA) pode inflacionar a probabilidade de erros do tipo I quando aplicada a dados aninhados (ou seja, medidas repetidas do mesmo animal, campo, ponto de vista, neurónio, etc.), os modelos de efeitos mistos lineares têm em conta a natureza hierárquica desses dados (Aarts et al., 2014). Para cada análise, especificámos interceptos para cada rato, sessão de imagiologia e neurónio como efeitos aleatórios e efeitos fixos de acordo com os dados (por exemplo, frequência do estímulo, ponto temporal, etc.). A inspeção visual dos gráficos residuais não revelou desvios óbvios da homocedasticidade e/ou normalidade. Os valores de p para a significância global de um efeito foram determinados por testes de rácio de verosimilhança do modelo completo com o(s) efeito(s) em questão contra um modelo sem o(s) efeito(s) em questão. Os valores de p para as diferenças entre os efeitos foram obtidos post hoc utilizando a correção de Tukey para comparações múltiplas (Hothorn et al., 2008).

4.4. Resultados

Transientes de cálcio no córtex do barril evocados por estimulação de uma única vibrissa

Realizámos imagens de dois fotões a longo prazo na camada 2/3 do córtex do barril do rato. Para atingir este objetivo, injectámos corticalmente um vetor viral para induzir a expressão do indicador de cálcio fluorescente codificado geneticamente YC3.60 (n=5) ou GCaMP6f (n=1) (**Fig. 12A**). Os GECIs e a nossa preparação crónica da janela craniana permitiram-nos obter imagens dos transientes de cálcio durante 13±3,5 semanas. A fim de seguir a mesma população de neurónios durante toda a duração do protocolo de imagiologia, escolhemos um único barril para imagiologia em cada animal (**Fig. 12A**). Nosso campo de visão de imagem capturou uma área de superfície de 200 µm x 200 µm e foi centrado no barril, com a expressão do vírus marcando o citosol e poupando o núcleo (exemplo para YC3.60 na **Fig. 12B**). A vibrissa única estimulada em cada lado do focinho do rato correspondia ao cano adjacente ao cano visualizado. O barril adjacente foi escolhido com base em indicações de um estudo anterior que mostrava que os eventos de plasticidade eram maiores ali (Margolis et al., 2012) e a escolha de vários barris adjacentes possíveis dependia dos níveis de expressão e da atividade neuronal. As vibrissas únicas de cada lado do focinho do rato foram estimuladas com uma sequência de impulsos vibrotácteis com 1s de duração, com taxas de repetição que variam entre 10 e 90 Hz, evocando transientes de cálcio num subconjunto dos neurónios fotografados (**Fig. 12C**), de acordo com o princípio da codificação esparsa (Crochet et al., 2011). Todo o protocolo, que consiste na obtenção de imagens antes, durante e depois da aprendizagem, foi realizado dentro da nossa configuração de imagens de dois fotões, que foi adaptada à tarefa comportamental. Estimulámos o mesmo bigode tanto no lado contralateral (**Fig. 12D,** bigode e ligações neuronais de cor vermelha) como no lado ipsilateral (**Fig. 12D**, bigode e ligações neuronais de cor verde) do barril fotografado, enquanto seguíamos o movimento do bigode (**Fig. 12D**). A análise do movimento do bigode (**Fig. 12E**) permitiu-nos excluir da análise os ensaios em que o animal estava a sussurrar, uma vez que se sabe que o movimento do bigode produz entradas tácteis auto-geradas que interferem com o desempenho (Ollerenshaw et al., 2012). Após as cirurgias e a habituação à fixação da cabeça, foram efectuadas sessões de imagiologia de base, tanto em estado de vigília como de anestesia, para medir as respostas aos estímulos vibrotácteis antes da ocorrência do comportamento (**Fig. 12F**). Três animais tiveram 10 sessões de imagiologia de base e dois tiveram mais 5 para controlar os efeitos devidos à estimulação passiva do bigode a longo prazo em comparação com a aprendizagem. Em seguida, procedeu-se à deteção de 2-AFC e, posteriormente, à tarefa de discriminação, com uma sessão de anestesia repetida após cada conjunto de 10 sessões consecutivas de imagiologia comportamental (**Fig. 12F**) (para mais pormenores sobre o protocolo, ver *Métodos*). Os ratinhos foram autorizados a lamber durante uma janela de decisão de 2 s (desenho esquemático de um ensaio de exemplo, **Fig. 12G**).

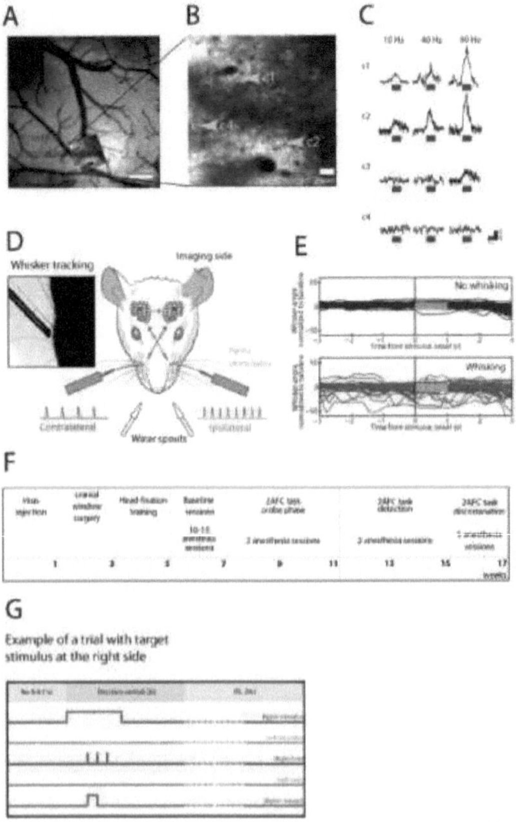

Figura 12. Imagens de dois fotões no córtex do barril e comportamento a longo prazo no 2-Tarefa AFC.

A. Exemplo de uma imagem fluorescente de campo amplo da área de expressão de YC3.60 com uma sobreposição de uma imagem de dois fotões na área cortical fotografada. **B.** Imagem de dois fotões de alta resolução (256x256 pixels) com exemplos de células c1, c2, c3 e c4 assinaladas. **C.** Exemplo de transientes de cálcio em animais acordados utilizando YC3.60 para estimulação contralateral de uma única vibrissa (10, 40 e 90 Hz) no animal m2 para as células c1, c2, c3 e c4 indicadas em 1.B. **D.** Desenho esquemático de um rato que executa a tarefa 2-AFC, mostrando o estímulo apresentado no lado contralateral e ipsilateral projetado para os respectivos córtices de barril, com uma imagem do seguimento dos bigodes. **E.** Traços da posição do bigode nas condições com e sem bigodes. **F.** Todo o protocolo de imagiologia com as durações médias de cada fase e as taxas de repetição utilizadas (ver Métodos). G. Desenho esquemático de um ensaio de exemplo.

Os transientes de cálcio aumentam com taxas de repetição mais elevadas da estimulação do bigode

Caracterizámos as respostas neuronais a estímulos vibrotácteis de diferentes taxas de repetição durante as sessões de imagiologia de base, tanto no estado de vigília como no estado anestesiado. Mostramos traços de cálcio para estímulos de taxas de repetição crescentes numa única célula neuronal (**Fig. 13A**) e num traço médio de um exemplo de animal no estado acordado (**Fig. 13B**). As respostas de cálcio ao estímulo de 40 Hz foram significativamente mais elevadas do que ao estímulo de 10 Hz (**Fig. 13C**, número de neurónios=206, número de animais=5, p=2e-16) e as respostas de cálcio ao estímulo de 90 Hz foram significativamente mais elevadas do que ao estímulo de 40 Hz (**Fig. 13C**, número de neurónios=206, número de animais=5, p=2e-16). A mesma tendência foi observada no estado anestesiado (**Fig. 13D**; comparando 90 a 40 Hz, número de neurónios=206, número de animais=5, p=2e-16; comparando 40 a 10 Hz, número de neurónios=206, número de animais=5, p=2e-16). Assim, à medida que as taxas de repetição dos estímulos de 1s de duração aumentaram de 10 para 90 Hz, a magnitude do transiente de cálcio correspondente aumentou tanto no estado acordado (**Fig. 13C**) como no estado anestesiado (**Fig. 13D**) durante a linha de base. Calculámos o histograma das respostas de cálcio para estímulos de diferentes taxas de repetição e, mais uma vez, as taxas de repetição mais elevadas provocaram transientes de cálcio mais elevados com uma distribuição de probabilidade mais alargada, em comparação com o pico único e acentuado das respostas de probabilidade a taxas de repetição baixas (animais acordados apresentados na **Fig. 13E**, animais anestesiados na **Fig. 13F**). Uma vez que as respostas médias de cálcio estavam amplamente distribuídas, dividimos a população neuronal com base nos seus níveis de atividade em células de resposta baixa (n=103), média (n=82) e alta (n=21) (designadas como "Baixa", "Média" e "Alta", respetivamente) para investigar se a representação da taxa de repetição observada estava igualmente representada em neurónios de diferentes níveis de atividade (para os critérios de divisão, ver histograma nas **Fig. 13G** e **H**). Tanto no estado acordado (**Fig. 13G**) como no anestesiado (**Fig. 13H**), os neurónios dos três níveis de atividade mostraram que os estímulos de taxas de repetição mais elevadas evocavam transientes de cálcio maiores. Estes resultados sugerem que os neurónios de diferentes níveis de atividade não mostram preferência por uma determinada taxa de repetição da estimulação do bigode. Em vez disso, observamos uma caraterística generalizada de aumento monotónico da magnitude da resposta neuronal com o aumento das taxas de repetição dos estímulos. Em conjunto, os neurónios do córtex do barril da camada 2/3 apresentaram uma tendência clara de aumento dos transientes de cálcio com taxas de repetição crescentes de estímulos vibrotácteis no barril cortical vizinho do principal. Isso é consistente com um estudo anterior em animais anestesiados no barril principal (Mayrhofer et al., 2015b).

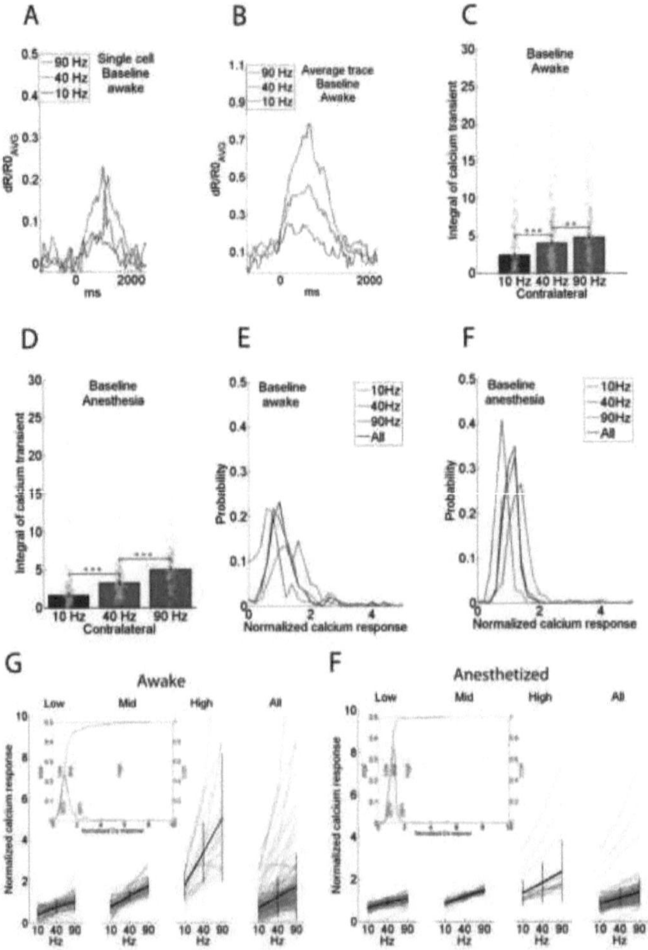

Figura 13. A representação neuronal do aumento da repetição da deflexão do bigode taxas em S1.

A. Respostas de cálcio de uma única célula para estímulos de diferentes taxas de repetição. **B.** Traços médios de cálcio para o animal m4 para estímulos de diferentes taxas de repetição. **C-D.** Transientes de cálcio para estímulos vibrotácteis de diferentes taxas de repetição apresentados no lado contralateral. **C.** Transientes de cálcio no animal acordado; a resposta ao estímulo de 40 Hz é maior do que ao estímulo de 10 Hz (número de neurónios=206, número de animais=5, p=2e-16) e a resposta a 90 Hz é maior do que a resposta a 40 Hz (número de neurónios=206, número de animais=5, p=2e-16). **D.**

Transiente de cálcio no estado anestesiado. A resposta ao estímulo de 40Hz é superior à do estímulo de 10Hz (número de neurónios=206, número de animais=5, p=2e-16, n=5) e a de 90Hz é superior à de 40Hz (número de neurónios=206, número de animais=5, p=2E-16). Os círculos cinzentos representam a média dos transientes de cálcio para uma célula individual. **E-F.** Histogramas das respostas normalizadas de cálcio para estímulos de diferentes taxas de repetição. Para cada ensaio, a resposta média foi calculada para toda a duração do estímulo (1 s) e normalizada pelo nível de atividade mediano de cada animal em todas as condições. **E.** Distribuição das respostas ao estímulo no estado de vigília. **F.** Distribuição das respostas ao estímulo no estado anestesiado. **G.-H.** Respostas de cálcio correspondentes aos neurónios com a atividade mais baixa (<50%), média (50-90%) e mais alta (90-100%) em todas as frequências alvo, respetivamente; e as respostas de todos os neurónios agrupados (Todos). A inserção mostra o histograma da amplitude de resposta média de todos os estímulos apresentados contralateralmente dos neurónios individuais (PDF: função de densidade de probabilidade; CDF: função de densidade cumulativa. **G.** Registos em vigília com o histograma que define as três categorias. **H.** Registos em anestesia com o histograma que define as três categorias. As linhas cinzentas e os círculos representam a média dos transientes de cálcio para células individuais e as linhas pretas representam a média +/- SEM. O método estatístico utilizado foi o dos modelos lineares de efeitos mistos. C.-G. Os dados referem-se a ratinhos com YC3.60. Legenda de significância: * = p<0,05, ** = p<0,01, *** = p<0,001.

Respostas ipsilaterais e modulação ipsilateral na camada 2/3 do córtex do barril

Perguntámos então como é que os neurónios da camada 2/3 do córtex sensorial primário representam os estímulos ipsilaterais e bilaterais (**Fig. 14A**). Como esperado, as respostas aos estímulos vibrotácteis no lado contralateral são maiores do que as respostas no lado ipsilateral, reflectidas nos traços de um exemplo de célula única (**Fig. 14B**) e no traço médio (**Fig. 14C**) e na atividade combinada com YC3.60 (**Fig. 3D**, número de neurónios=206, número de animais=5, p=2e-16) e GCaMP6f (**Fig. 14E**, número de neurónios=86, número de tentativas=208, p=2e-16). Da mesma forma, sob anestesia, houve um forte aumento na magnitude das respostas de cálcio a um estímulo de 90 Hz no lado contralateral em comparação com o mesmo estímulo apresentado no lado ipsilateral (**Fig. 14F**, número de neurónios=206, número de animais=5, p=2e-16). Em resumo, os nossos resultados mostram que os estímulos ipsilaterais evocaram respostas neuronais muito mais fracas do que os estímulos contralaterais, corroborando assim um aspeto importante, anteriormente pouco claro, da representação de estímulos na camada 2/3 do córtex do barril do rato. Explorámos ainda a modulação ipsilateral comparando a representação de estímulos unilaterais e bilaterais apresentados durante as sessões de linha de base (**Fig. 14G**). Nas medições da linha de base em vigília, a adição simultânea de um estímulo ipsilateral de 10 Hz aumentou significativamente a resposta a um estímulo contralateral de 90 Hz (**Fig. 14G**, comparando 90 Hz com 90 Hz+10 Hz, número de neurónios=206, número de animais=5, p=3,88e-06). Da mesma forma, a modulação de um estímulo contralateral de 90 Hz por um estímulo ipsilateral simultâneo de 10 Hz com um efeito excitatório líquido também estava presente durante a anestesia (**Fig. 14G**, comparando 90 Hz com 90 Hz+10 Hz, número de neurónios=206, número de animais=5, p=1e- 06). Estes resultados apoiam a noção de que a apresentação de um estímulo ipsilateral de 10 Hz modula as respostas de cálcio a um estímulo contralateral de 90 Hz com um efeito excitatório líquido. Em suma, os estímulos ipsilaterais são representados com uma atividade neuronal consideravelmente menor do que os estímulos contralaterais idênticos, mas ainda assim podem aumentar os transientes de cálcio dos estímulos contralaterais apresentados simultaneamente.

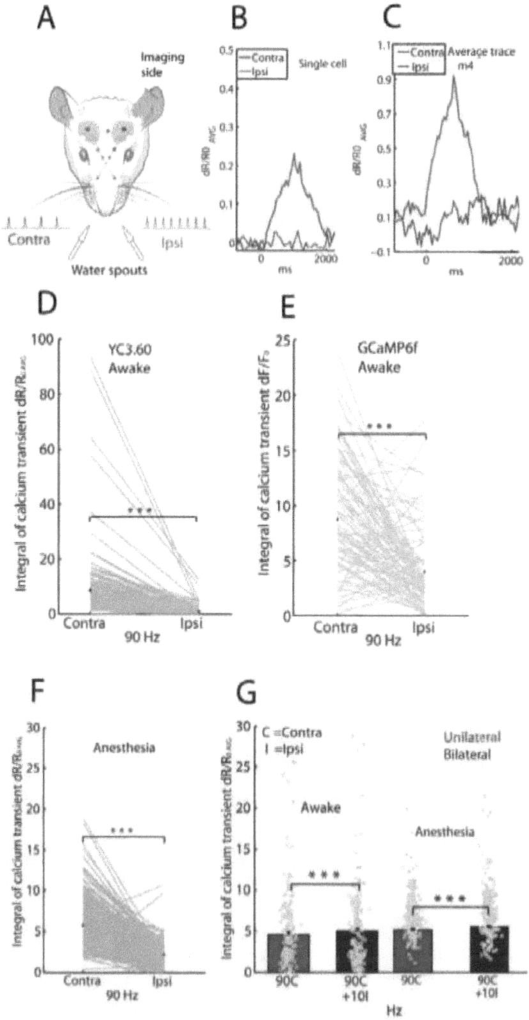

Figura 14. Representação do estímulo ipsilateral e sua modulação da representação do estímulo contralateral em S1.

A. Desenho esquemático ilustrando a estimulação contralateral e ipsilateral aplicada.

B. Transientes de cálcio de um único neurónio comparando a representação de 10 e 40 Hz. **C.** Traços médios para estímulos contralaterais e ipsilaterais do animal m4 (com YC3.60). **D-E.** Comparação da representação contralateral e ipsilateral do estímulo vibrotáctil de 90 Hz no animal acordado. **D.** YC3.60 (número de neurónios=206, número de animais=5, p=2e-16). **E.**

GCaMP6f (número de neurónios=86, número de animais=1, p=2e-16). **F.** Comparação da representação contralateral e ipsilateral do estímulo vibrotáctil de 90 Hz do animal anestesiado (número de neurónios=206, número de animais=5, p=2e-16). **G.** Comparação de estímulos contralaterais de 90 Hz ("90C" barras vermelhas) com estímulos bilaterais consistindo em 90 Hz contralateral com 10 Hz ipsilateral ("90C+10I" barras castanhas) durante os registos de base. Estado de vigília: 90C+10I é maior do que 90C durante a linha de base (número de neurónios=206, número de animais=5, p=3,88e-06). Estado anestesiado: 90C+10I é superior a 90C antes do comportamento (número de neurónios=206, número de animais=5, p=1e-06). Os círculos cinzentos representam a média dos transientes de cálcio para células individuais. O método estatístico utilizado foi o dos modelos lineares de efeitos mistos. Legenda de significância: * = p<0,05, ** = p<0,01, *** = p<0,001.

Efeitos de plasticidade após o envolvimento a longo prazo numa tarefa sensorialmente relevante e orientada para o comportamento

A nossa principal questão era investigar os efeitos do comportamento a longo prazo numa tarefa 2-AFC guiada por estímulos sensoriais no processamento sensorial. A primeira fase consistiu num paradigma de deteção em que o animal tinha de indicar o lado do focinho do rato em que era apresentado um estímulo vibrotáctil de 90 Hz (**Fig. 15A**). Ao comparar a representação do estímulo contralateral de 90 Hz em diferentes fases do protocolo. Observámos um aumento da atividade assim que a tarefa de aprendizagem começou, ou seja, assim que o estímulo ganhou significado comportamental para o animal (**Fig. 15B** comparando a linha de base com a sonda; número de neurónios=206, número de animais=5, p=0,001998; comparando a linha de base com o ativo, número de neurónios=206, número de animais=5, p=0,000254). Além disso, o aumento da atividade neuronal também esteve presente para a combinação de estímulos bilaterais de 90 Hz contralateral com 10 Hz ipsilateral (**Fig. 15C**, número de neurónios=206, número de animais=5, p=0,000254). Além disso, foi utilizado um procedimento de classificação por máquina de vectores de apoio não linear para identificar se os ensaios podiam ser distinguidos antes e depois da aprendizagem com base na sua atividade neuronal. Em todos os cinco animais, verificou-se uma diferença estatisticamente significativa durante a apresentação do estímulo-alvo contralateral e em quatro dos cinco animais durante a apresentação do estímulo-alvo ipsilateral, o que significa que o classificador podia distinguir os traços neuronais de antes e depois do envolvimento numa tarefa guiada pelos sentidos (**Tabela 1.**, todos os números a negrito mostram um valor estatisticamente significativo acima do nível de probabilidade de 1%; todos os parâmetros aplicados estão no **Suplemento**

Tabela 1.). Além disso, a análise da exatidão da classificação a um nível de exatidão de 80% distinguiu entre antes e depois da aprendizagem (**Fig. 15D**). Foi necessária uma média de 11 das células mais activas para diferenciar as duas categorias; 16 células quando escolhidas aleatoriamente e 30 células quando as menos activas foram escolhidas em primeiro lugar (valor médio entre animais calculado como o máximo da curva para cada animal individual). Estes resultados indicam que as respostas neuronais na camada 2/3 do córtex do barril aumentaram quando o animal estava envolvido numa tarefa comportamental e que um pequeno subconjunto de neurónios estava altamente ativo. Este resultado indica a expansão do mapa cortical do bigode principal estimulado para o barril adjacente e o aumento da excitação neuronal como resposta ao envolvimento numa tarefa de tomada de decisões sensoriais.

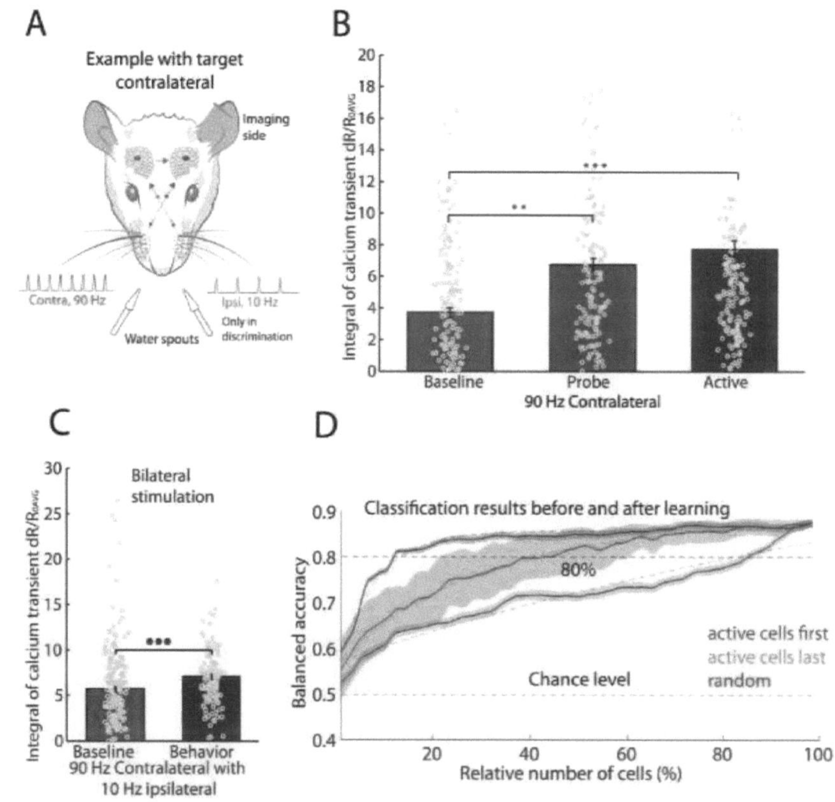

Figura 15. A modulação da representação de estímulos vibrotácteis em S1 em função da relevância comportamental dos estímulos.

A. Desenho esquemático do rato relevante no paradigma 2-AFC. **B.** Transiente de cálcio para o estímulo contralateral de 90 Hz durante as fases do protocolo (comparando a linha de base com a sonda; número de neurónios=206, número de animais=5, p=0,001998; comparando a linha de base com o ativo; número de neurónios=206, número de animais=5, p=0,000254). **C.** Transiente de cálcio para o estímulo bilateral combinação antes e durante o comportamento (número de neurónios=206, número de animais=5, p=0,000492). **D.** Precisão da classificação para duas classes: antes e depois da aprendizagem em diferentes tamanhos de população quando os neurónios mais activos foram adicionados primeiro, os neurónios menos activos foram adicionados primeiro e uma seleção aleatória de neurónios. As linhas mais claras correspondem a ajustes da forma: y(x) = A - B*exp (-x / C). B.-D. Os dados referem-se a ratinhos com YC3.60 (n=5). As parcelas são médias ± SEM. O método estatístico utilizado foi o dos modelos lineares de efeitos mistos. Legenda de significância: * = p<0,05, ** = p<0,01, *** = p<0,001.

Efeitos da participação numa tarefa comportamental guiada por um estímulo vibrotáctil no processamento sensorial durante a anestesia

Investigámos o processamento sensorial de estímulos no estado anestesiado após a aprendizagem. Os estímulos vibrotácteis de várias taxas de repetição (10, 40 e 90 Hz) foram apresentados ao animal durante a anestesia, antes e depois da aprendizagem. Durante o envolvimento na tarefa 2-AFC, aplicámos um estímulo alvo de 90 Hz e, nas últimas sessões, em 30% das tentativas, foi adicionado um estímulo distractor simultâneo de 10 Hz. O estímulo de 40 Hz só foi apresentado ao animal antes e depois da aprendizagem. Assim, as taxas de repetição de estímulos aplicadas na tarefa foram o estímulo alvo de 90 Hz e o estímulo distractor de 10 Hz. Os nossos resultados mostram que, antes da aprendizagem, há um aumento monotónico da atividade neuronal com o aumento das taxas de repetição do estímulo de 1s de duração. Os 40 Hz são representados com mais atividade neuronal do que os 10 Hz, e os 90 Hz com mais atividade do que os 40 Hz, o que se reflecte tanto no traço médio (**Fig. 16A**) como na atividade agrupada (**Fig. 16B** e **16C,** 40 vs. 10 Hz número de neurónios=206, número de animais=5, p=2e-16; 90 vs. 40 Hz, número de neurónios=206, número de animais=5, p=2e-16, ver também **Fig. 13D**). Em contraste, após um comportamento a longo prazo na tarefa 2-AFC, o aumento monotónico dos transientes de cálcio com taxas de repetição mais elevadas foi abolido (**Fig. 16D**), uma vez que o estímulo de 40 Hz já não evoca mais atividade do que o estímulo de 10 Hz (**Fig. 16E** e **F**). Assim, os estímulos vibrotácteis aplicados durante a tarefa (10 e 90 Hz) foram aumentados em relação ao estímulo não apresentado durante o comportamento (40 Hz), interrompendo assim o aumento monotónico da força das respostas com o aumento das taxas de repetição. Assim, a relação monotónica entre a taxa de repetição do estímulo e a força da resposta neural, que demonstrámos anteriormente (Mayrhofer et al., 2015b), foi extinta após o comportamento numa tarefa guiada pelos sentidos.

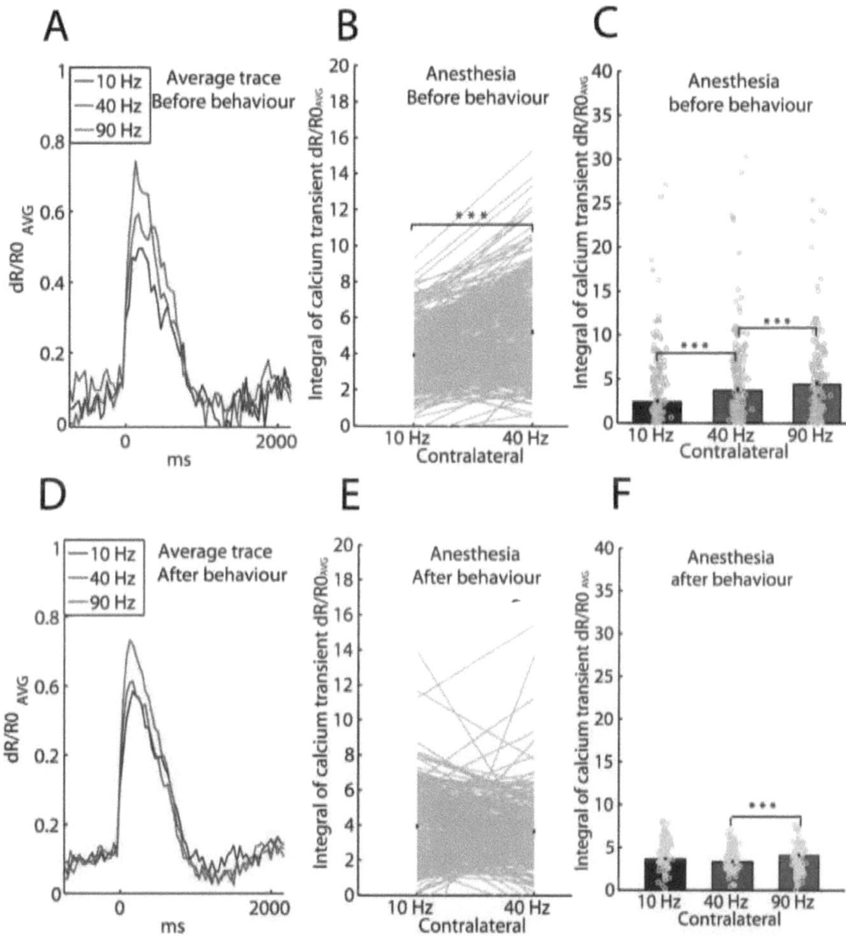

Figura 16. Perturbação do aumento do transiente de cálcio com o aumento da taxa de repetição do estímulo durante a anestesia devido ao envolvimento numa tarefa comportamental guiada por um estímulo vibrotáctil.

A.-C. Linha de base (igual à **Fig. 13D**). **A.** Média dos traços de cálcio para o animal m2 para diferentes estímulos. **B.** Transientes de cálcio comparando a representação de 10 e 40 Hz (comparando 10 vs. 40 Hz, número de neurónios=206, número de animais=5, p=2e-16). **C.** Respostas a estímulos vibrotácteis de várias taxas de repetição: 10, 40 e 90 Hz apresentados no lado contralateral (comparando 10 vs. 40 Hz; número de neurónios=206, número de animais=5, p=2e-16; comparando 40 vs 90Hz; número de neurónios=206, número de animais=5, p=2e-16,). **D.-F.** Após o envolvimento na tarefa. **D.** Traço médio de cálcio para o animal m2 para diferentes estímulos. **E.** Transientes de cálcio comparando a representação de 10 e 40 Hz. **F.** Respostas a estímulos vibrotácteis com diferentes taxas de repetição: 10, 40 e 90 Hz apresentados no lado contralateral (comparação 40 vs 90Hz, número de neurónios=206, número de animais=5, p=1e-4). A.-F. Os dados referem-se a ratos com YC3.60. Os círculos cinzentos representam a média dos transientes de cálcio para células individuais. O método estatístico utilizado foi o dos modelos lineares de efeitos mistos. Legenda de significância: * = p<0,05, ** = p<0,01, *** = p<0,001.

Atividade neuronal elevada em S1 durante a participação numa tarefa 2-AFC tátil

Investigámos como o envolvimento e o desengajamento numa tarefa comportamentalmente relevante se reflectem na atividade neuronal dos neurónios da camada 2/3 no córtex somatossensorial primário. A vantagem distinta da tarefa 2-AFC, em oposição a uma tarefa Go-NoGo comumente usada (Yang et al., 2015), é que ela pode diferenciar claramente entre engajamento e desengajamento, uma vez que permite três possíveis resultados comportamentais (**Fig. 17A**). O primeiro resultado ocorre quando o animal lambe uma bica de água no lado em que o estímulo foi apresentado e, consequentemente, recupera uma recompensa em água ("correto"); segundo, quando o animal lambe a bica de água no lado oposto àquele em que o estímulo foi apresentado ("erro") sem recompensa em água; e terceiro, quando o animal retém completamente a lambidela ("falha"), igualmente sem recompensa em água (desenhos esquemáticos são mostrados na **Fig. 17A**; desempenho comportamental do animal m4 na **Fig. 17B**; dados comportamentais para todos os animais na **Fig. 1 Suplementar**). Os traços de cálcio de células individuais (**Fig. 17C**) e a média dos traços de cálcio YC3.60 e GCamp6f (**Fig. 17D**; dados para todos os animais na **Fig. 2 do Suplemento**) mostram que todas as categorias evocaram uma atividade robusta; no entanto, as tentativas falhadas foram representadas com transientes de cálcio de menor amplitude em comparação com as tentativas corretas ou de erro. Assim, avaliámos o impacto do envolvimento analisando a categoria envolvida, que consiste em ensaios corretos e de erro agrupados, em comparação com a categoria não envolvida, que consiste em ensaios falhados. Observámos que os transientes de cálcio são significativamente maiores durante o envolvimento comportamental na tarefa 2-AFC em comparação com as respostas falhadas, em que o animal recebeu uma estimulação tátil idêntica sem produzir uma resposta comportamental lambendo um dos dois esguichos de água (categoria não envolvida) (**Fig. 17E** esquerda e **17F**, número de neurónios=206, número de animais=5, p=2e-16) e **Fig. 17E** direita GCaMP6f (direita, número de neurónios=56, número de animais=1, p=8,88e-16). Aplicámos um procedimento de classificação de máquina de vectores de suporte não linear para investigar se um classificador podia separar ensaios com base apenas nos seus transientes de cálcio. Mostramos que o nosso classificador foi capaz de diferenciar entre a categoria "empenhado" e "desengajado" em quatro de cinco animais quando o estímulo foi apresentado no lado contralateral e em três de cinco animais quando o estímulo alvo foi apresentado no lado ipsilateral (**Tabela 1.**, todos os valores a negrito são estatisticamente significativos; todos os parâmetros aplicados são apresentados na **Tabela Suplementar 1.**). Além disso, a análise da exatidão da classificação a 80% dos níveis de exatidão para o envolvimento versus o desengajamento mostra que são necessárias, em média, 13 das células mais activas de toda a população neuronal para distinguir as duas categorias; 23 células quando são escolhidas aleatoriamente e 28 células quando as células menos activas são escolhidas em primeiro lugar (**Fig. 17G**; valor médio entre animais calculado como o máximo da curva para cada animal individual). No seu conjunto, estes resultados indicam que o córtex sensorial primário representa estímulos sensoriais com mais atividade neuronal quando o animal está ativamente envolvido numa tarefa orientada pelos sentidos e, em seguida, quando está desligado, indicando uma correlação entre a atividade do córtex sensorial e a escolha perceptiva.

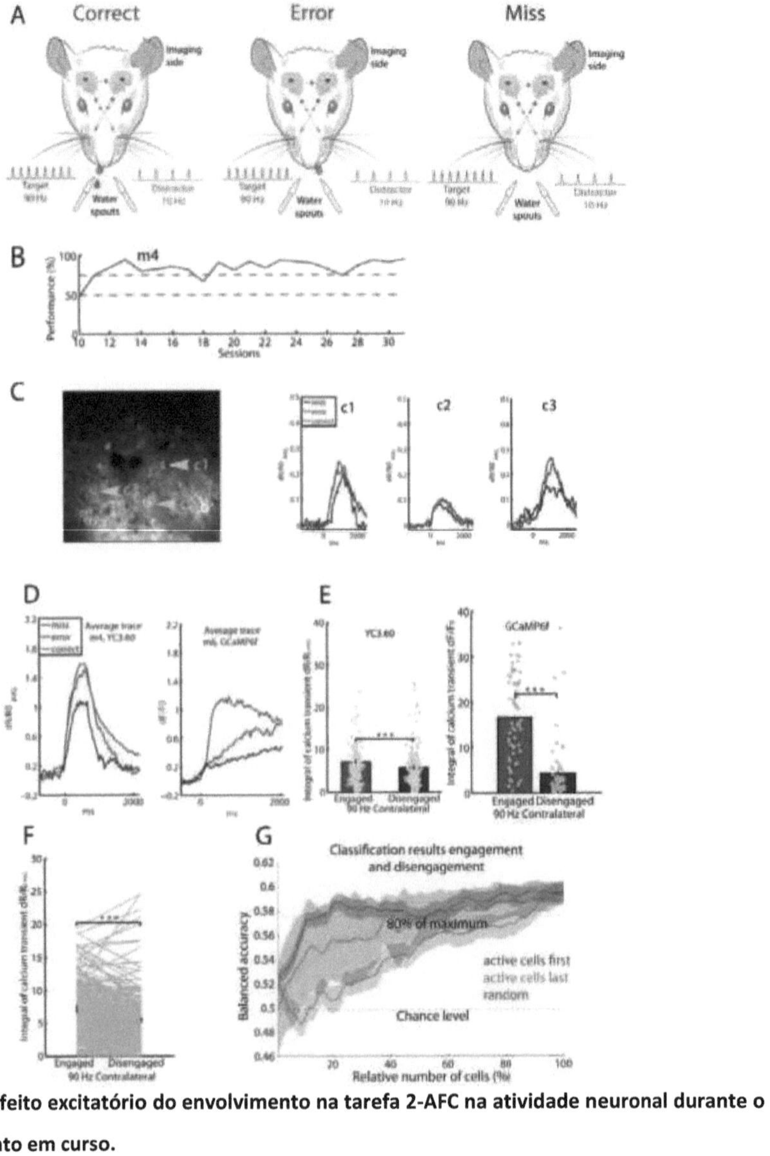

Figura 17. O efeito excitatório do envolvimento na tarefa 2-AFC na atividade neuronal durante o comportamento em curso.

A. Desenho esquemático dos três resultados comportamentais possíveis na tarefa 2-AFC: acerto, erro e falha. **B.** Desempenho comportamental do animal m4. **C.** Exemplo de um campo de imagem de dois fotões (resolução 256x256) com transientes de cálcio para 3 células individuais (c1, c2 e c3) em resposta ao estímulo-alvo contralateral de 90 Hz, para as categorias comportamentais de acerto, erro e falha. **D.** Média dos traços de cálcio para um exemplo de animal com YC3.60 (m4) e

GCaMP6f (m6) em resposta ao estímulo-alvo contralateral de 90 Hz para as categorias comportamentais: correto, erro e falha. **E.** Transientes de cálcio agrupados em resposta a um estímulo-alvo contralateral de 90 Hz para a categoria de comportamento empenhado (tentativas de acerto e erro agrupadas) e desenganado (tentativas de erro), para animais com YC3.60 (esquerda, número de neurónios=206, número de animais=5, p=2e-16) e GCaMP6f (direita, número de neurónios=56, número de animais=1, p=8,88e-16). **F.** Igual a **6.E.** à esquerda. **G.** A exatidão da classificação para 2 classes (envolvidos versus não envolvidos) em diferentes tamanhos de população foi testada quando os neurónios mais activos foram adicionados primeiro, os neurónios menos activos foram adicionados primeiro e os neurónios foram selecionados aleatoriamente. As linhas mais claras correspondem a ajustes da forma: y(x) = A - B*exp (-x / C). As parcelas são médias ± SEM. D. Esquerda, E. Esquerda, F.-G. Os dados referem-se a ratinhos com YC3.60. D. direita e E. direita são para ratinhos com GCaMP6f. O método estatístico utilizado foi o dos modelos lineares de efeitos mistos. Os círculos cinzentos representam a média dos transientes de cálcio para células individuais. Legenda de significância: * = p<0,05, ** = p<0,01, *** = p<0,001.

Animal ml	**Antes e depois da aprendizagem**		**Envolvimento e não envolvimento**	
Lado do alvo	Contralateral	Ipsilateral	Contralateral	Ipsilateral
Precisão equilibrada (%)	**73.2****	**62.1****	**62.5****	50.7
Estimativa do nível de probabilidade de 1%:	53.7	57.4	60.9	61.5
Animal m2	**Antes e depois da aprendizagem**		**Envolvimento e não envolvimento**	
Lado do alvo	Contralateral	Ipsilateral	Contralateral	Ipsilateral
Precisão equilibrada (%)	**79.7****	57.6	53.1	56.2
Estimativa ao nível de 1% de probabilidade:	58.3	59.8	57.2	56.5

Animal m3	Antes e depois da aprendizagem		Envolvimento e não envolvimento	
Lado do alvo	Contralateral	Ipsilateral	Contralateral	Ipsilateral
Precisão equilibrada (%)	**71.9****	**61.3****	**61.8****	**59.6****
Estimativa ao nível de 1% de probabilidade:	55.6	54.3	55.2	54.3
Animal m4	**Antes e depois da aprendizagem**		**Envolvimento e não envolvimento**	
Lado do alvo	Contralateral	Ipsilateral	Contralateral	Ipsilateral
Precisão equilibrada (%)	**86.7****	**67.5****	**66.6****	**70.7****
Estimativa do nível de probabilidade de 1%:	54.5	54.4	55.0	54.0
Animal m5	**Antes e depois da aprendizagem**		**Envolvimento e não envolvimento**	
Lado do alvo	Contralateral	Ipsilateral	Contralateral	Ipsilateral
Precisão equilibrada (%)	**87,4****	**75,5****	**62,4****	**60,7****
Estimativa com 1% de probabilidade:	56,3	56,5	58,1	59,7

Tabela 1. Melhores resultados de classificação num único ensaio.

Os valores de precisão equilibrada em negrito (Bacc) indicam resultados acima do nível de 1% de probabilidade calculado como desempenho em todo o conjunto de dados. A janela temporal analisada foi de 1000 ms e apenas foram considerados os estímulos unilaterais de 90 Hz. "Antes e depois da aprendizagem" compara os dados de antes da aprendizagem (linha de base no estado de vigília) e depois da aprendizagem (depois de os animais atingirem um limiar de desempenho de 75%). O "envolvimento" comparou a categoria envolvido (ensaios corretos e com erro) com a categoria não envolvido (ensaios falhados). Os dados referem-se a ratos com YC3.60 (n=5), para 206 neurónios Legenda do significado: ** = p<0.01.

1.5. Discussão

O principal resultado do presente estudo é que a codificação neuronal de estímulos de bigodes vibrotáteis bilaterais em S1 é plástica durante a aprendizagem. Confirmamos nossos resultados anteriores realizados em animais anestesiados (Mayrhofer et al., 2015b) que a atividade evocada por estímulo aumentou para frequências de repetição de pulso mais altas em animais acordados que não estavam envolvidos em uma tarefa. Além disso, pudemos mostrar que as interações inter-hemisféricas nos neurônios da camada 2/3 de animais acordados têm um efeito excitatório, onde as representações contralaterais são impulsionadas pela entrada ipsilateral do outro hemisfério, o que também está de acordo com nosso relatório anterior de representação estável a longo prazo dos aspectos acima mencionados em animais anestesiados. Estas interações inter-hemisféricas são ainda pouco conhecidas a nível celular, e nos últimos anos foram publicados resultados controversos sobre o sinal (excitatório ou inibitório) destas interações.

Representações altamente estáveis de estímulos vibrotácteis foram sujeitas a alterações plásticas quando o animal teve de usar esses estímulos para resolver uma tarefa bilateral de deteção e discriminação. De forma notável, as propriedades de resposta dos neurónios S1 estavam a mudar quando o animal estava a aprender uma tarefa de discriminação baseada em estímulos que conduziam a representações altamente estáveis em ratos anestesiados e acordados que não estavam envolvidos numa tarefa. Tanto os estímulos unilaterais que foram utilizados na tarefa de deteção como os estímulos bilaterais que foram apresentados na tarefa de discriminação conduziram a um aumento significativo das respostas durante a aprendizagem, em comparação com os registos acordados nos mesmos ratos antes do início do treino da tarefa. Além disso, pudemos demonstrar que o aumento típico das respostas neuronais de uma forma sublinear com um número crescente de deflexões do bigode por segundo (Mayrhofer et al., 2015b) é interrompido após a aprendizagem da tarefa. Os estímulos que foram apresentados apenas no estado anestesiado (antes e depois da fase de aprendizagem) e, portanto, não foram percebidos pelo animal na condição de tarefa, não provocaram respostas neuronais após o aumento dependente da frequência do estímulo nas amplitudes transitórias de cálcio após a aprendizagem. Estes resultados apontam para o facto de que a perceção consciente dos estímulos pode ser necessária para induzir plasticidade relacionada com a aprendizagem específica do estímulo. Numa escala de tempo mais curta, observámos variações de tentativa para tentativa da magnitude da resposta neuronal que estavam relacionadas com o envolvimento do animal durante a sessão comportamental. Os ensaios em que o rato relatou o estímulo percebido provocaram respostas maiores ao estímulo tátil nos neurónios da camada 2/3 de S1, em comparação com os ensaios em que o animal não respondeu lambendo um dos dois bicos de água.

Processamento inter-hemisférico de estímulos vibrotácteis na camada 2/3 de S1

Estudos electrofisiológicos mostraram grandes respostas a estímulos ipsilaterais no córtex do barril (Shuler et al., 2001; Wiest, 2005). No entanto, uma falha destes estudos é a falta de confirmação histológica clara dos locais de registo no mapa somatotópico e na profundidade cortical. No atual estudo , procurámos determinar com precisão as localizações das imagens no córtex do barril com a ajuda da técnica de mapeamento de imagens ópticas intrínsecas. Os nossos dados de imagem dos neurónios da camada 2/3 diferem dos relatórios anteriores (Shuler et al., 2001; Wiest, 2005), uma vez que as respostas aos estímulos ipsilaterais foram muito inferiores às respostas do lado contralateral. Investigámos as interações inter-hemisféricas na camada cortical 2/3, uma vez que ainda não se sabe como ocorrem as interações bilaterais nas diferentes camadas corticais de S1 a nível celular. Relatórios anteriores sobre a atividade da camada 5 mostram um efeito oposto, ou seja, um estímulo contralateral foi inibido devido a um estímulo ipsilateral temporalmente anterior (Shuler et al., 2001). A inibição devido à modulação ipsilateral também foi identificada na camada cortical 5 na região da pata traseira do córtex somatossensorial primário (Palmer et al., 2012). A discrepância nestes efeitos deve-se principalmente às diferenças nas camadas corticais observadas e/ou aos diferentes timings dos estímulos contra- e ipsilaterais. Restringimos as variações temporais dos estímulos contralaterais e ipsilaterais à apresentação simultânea dos dois lados, uma vez que concebemos o paradigma comportamental de forma a imitar a situação em que os animais recebem tipicamente estímulos tácteis bilaterais simultâneos enquanto exploram o seu ambiente.

Efeitos de plasticidade devidos à aprendizagem de uma tarefa comportamental guiada pelos sentidos

Neste estudo, mostramos que o envolvimento num comportamento guiado pelos sentidos evocou um aumento substancial e a longo prazo das amplitudes dos transientes de cálcio. Assim, os neurónios da camada 2/3 em S1 exibem uma modulação flexível, dependendo da relevância comportamental dos estímulos do bigode apresentados. Nossas descobertas complementam estudos anteriores que mostram que a aprendizagem de uma nova tarefa de condicionamento reorganiza a atividade sensorial no córtex somatossensorial de roedores (Gdalyahu et al., 2012; Long e Carmena, 2013). É importante ressaltar que, além dessas investigações anteriores, pudemos acompanhar a evolução das respostas neuronais em neurônios definidos de uma população de camada 2/3 durante um período de tempo prolongado que cobriu as fases de aprendizado anestesiado, acordado e de tarefas. Um mecanismo possível para a plasticidade induzida pela inclinação em S1 pode ser a plasticidade selectiva do sistema inibitório que gere o fluxo de informação cortical com base na relevância comportamental do estímulo. Essa forma de plasticidade cortical seletiva foi demonstrada na camada 2/3 do córtex auditivo e explicada por um aumento ou diminuição seletiva da atividade dos interneurônios locais de somatostatina (Kato et al., 2015). Também foi demonstrado que o sistema GABAérgico S1 é necessário tanto para a manifestação da plasticidade da representação cortical funcional quanto para o desenvolvimento de uma resposta condicionada (Posluszny et al., 2015). Estudos futuros sobre a plasticidade do sistema somatossensorial relacionada com a aprendizagem irão certamente beneficiar da utilização de linhas de ratinhos transgénicos com marcadores para diferentes tipos de interneurónios. Os resultados do nosso estudo mostram que as células testemunham níveis elevados de atividade no barril vizinho após o envolvimento numa tarefa guiada por sensores, sugerindo a expansão da representação cortical do bigode principal que foi utilizado para resolver a tarefa. Este efeito foi descrito no sistema auditivo (Reed et al., 2011), sendo a magnitude da expansão do mapa proporcional ao nível de motivação do animal num paradigma relevante para o comportamento (Rutkowski e Weinberger, 2005). No entanto, continua a ser uma questão em aberto a forma como estes efeitos plásticos evoluem em células individuais ao longo de um período de tempo alargado, quando os animais são confrontados com múltiplos cenários novos e comportamentalmente relevantes. Em resumo, mostramos que um contexto de aprendizagem relevante para o comportamento desempenha um papel distinto na formação da representação sensorial na camada 2/3 nas fases iniciais do processamento cortical. A modulação do processamento sensorial devido ao envolvimento numa tarefa comportamental guiada pelos sentidos também foi observada em gravações que realizámos sob anestesia. Na fase de pré-aprendizagem, os animais anestesiados mostram um aumento monotónico da atividade neuronal com o aumento das taxas de repetição do estímulo (10, 40 e 90 Hz). Após um comportamento a longo prazo na tarefa 2-AFC, envolvendo a frequência mais alta (90 Hz) e mais baixa (10 Hz) do estímulo vibrotáctil, o estímulo de 40 Hz já não evocava transientes de cálcio maiores do que o estímulo de 10 Hz. Assim, a forte tendência de aumento monotónico com uma maior taxa de deflexão do bigode foi abolida. Assim, o envolvimento ativo numa tarefa comportamental orientada pelos sentidos modificou o processamento do estímulo também sob anestesia de animais treinados. Concluímos, portanto, que os estímulos com relevância comportamental foram acompanhados por uma maior atividade neuronal do que os estímulos sem relevância para a tarefa. Em conjunto, corroboramos que o córtex barril é altamente plástico e adapta suas estratégias de codificação continuamente às mudanças no ambiente (Bekisz et al., 2010; Galvez, 2006; Gdalyahu et al., 2012; Kato et al., 2015; Kuhlman et al., 2014; Polley et al., 1999; Polley, 2006; Takahashi et al., 2011).

O impacto do envolvimento numa tarefa na representação cortical de estímulos vibrotácteis

Abordámos a questão do impacto da decisão relacionada com a variabilidade de ensaio para ensaio nas respostas corticais numa tarefa comportamental guiada pelos sentidos. Verificámos que, quando o animal estava envolvido na tarefa, demonstrado pelo comportamento de lamber, a representação cortical de estímulos sensoriais idênticos era reforçada em comparação com os ensaios em que o animal não respondia lambendo (ensaios falhados). Vários mecanismos potenciais poderiam explicar estas respostas reforçadas quando o animal está ativamente envolvido na resolução da tarefa. Os efeitos da atenção têm sido amplamente estudados em macacos, mostrando um aumento das taxas de disparo dos neurónios sensoriais corticais em campos receptivos que se encontravam no foco de atenção controlado experimentalmente (Cohen e Maunsell, 2009; Steinmetz e Moore, 2014). A excitação e a motivação do animal também podem explicar os nossos resultados de que as respostas corretas e incorrectas conduzem a amplitudes de resposta mais elevadas em comparação com os ensaios em que o animal não respondeu à apresentação do estímulo (condição de erro). Foi demonstrado que os sistemas neuromoduladores que estão fortemente ligados aos estados de excitação e motivação têm impacto na atividade cortical relacionada com a escolha (Constantinopla e Bruno, 2011; Pinto et al., 2013). Numa tarefa Go-NoGo, foi recentemente demonstrado em ratos que respostas tácteis maiores foram eliciadas em S1 para respostas corretas em comparação com tentativas falhadas, o que concorda com os nossos resultados, confirmando que as respostas em S1 prevêem a escolha perceptiva (Kwon et al., 2016; Yang et al., 2015). Uma lacuna destes estudos é o facto de o desenho da tarefa utilizado poder levar a uma classificação imprecisa da escolha do animal. Na tarefa Go-NoGo, é difícil distinguir uma falta de motivação ou lapsos de atenção de falsas rejeições ou rejeições corretas. A conceção da tarefa 2-AFC utilizada no presente trabalho tem várias vantagens em comparação com os paradigmas Go-NoGo, uma vez que permite uma distinção clara entre a falta de motivação/atenção e as respostas corretas e de erro. Por conseguinte, é ideal para estudar o impacto do envolvimento na tarefa no processamento neuronal dependente do estado. Os futuros desenvolvimentos de paradigmas de atenção altamente complexos em roedores com cabeça fixa permitirão dissecar os mecanismos de excitação e atenção envolvidos ao nível dos circuitos. No entanto, continua em aberto a questão de saber se o nível de complexidade da tarefa exigido nos paradigmas dos macacos pode ser atingido em roedores com cabeça fixa. Uma limitação do nosso trabalho é o facto de a técnica de imagem de dois fotões utilizada não ter a resolução temporal necessária para separar a contribuição da influência do feed forward tálamo-cortical e do feedback das áreas corticais superiores nas respostas tácteis moduladas pelo envolvimento observadas. Para esclarecer estas modulações dependentes do estado da atividade da rede cortical, serão necessários trabalhos futuros que utilizem registos electrofisiológicos associados a paradigmas comportamentais optimizados para estudar os efeitos da decisão e da atenção.

Em resumo, mostrámos que a magnitude das respostas neuronais no córtex sensorial primário está sujeita a uma variabilidade prevista pelo envolvimento do animal, indicando uma atribuição de recursos perceptivos adaptada às necessidades comportamentais.

5. Discussão geral

5.1. Os múltiplos papéis dos córtices sensoriais primários

Um ponto de vista há muito defendido na aprendizagem perceptiva é o de que o córtex sensorial primário serve meramente como um retransmissor no processamento da informação sensorial que chega do tálamo, como parte de uma rede hierárquica de feed-forward. De um ponto de vista computacional, é difícil imaginar que um tal sistema seja capaz de reconhecer padrões complexos e variáveis de input sensorial (Gilbert et al., 2001). De facto, há cada vez mais provas de que o córtex sensorial primário (S1) está envolvido em múltiplas funções. As conexões recíprocas de longo alcance estão ligadas a uma variedade de outras áreas cerebrais (córtex somatossensorial secundário, córtex motor, córtex perirrinal, tálamo, núcleo reticular talâmico, zona incerta, núcleo pretectal anterior, colículo superior, ponte, núcleos espinhais do tronco cerebral do trigémeo, núcleo vermelho, ...) apoiam esta noção (Aronoff et al., 2010). A desativação do córtex auditivo mostra claras deficiências na realização de tarefas comportamentais guiadas pelo som (Jaramillo e Zador, 2011). Também foi demonstrado que o córtex somatossensorial primário tem um papel causal na realização de tarefas de deteção guiadas por bigodes (Sachidhanandam et al., 2013), sendo o comportamento fiável evocado optogeneticamente por apenas 1% dos neurónios do córtex do barril (Huber et al., 2008). Embora S1 não seja necessariamente necessário para uma tarefa Go-NoGo, um comportamento mais complexo, como uma tarefa 2-AFC, não pode ser realizado sem o seu envolvimento (Diamond e Arabzadeh, 2013b). Surpreendentemente, foi demonstrado que o córtex auditivo primário codifica variáveis não sensoriais, tais como regras de seleção quanto ao estímulo a que se deve atender (Rodgers e DeWeese, 2014). Além disso, a recuperação do conhecimento percetivo ativa a área sensorial primária correspondente (Goldberg, 2006). Além disso, pode manter o traço de memória de trabalho de um estímulo específico em tarefas que requerem uma breve detenção de memória (Harris et al., 2001) ou mesmo armazenar memória de longo prazo (Weinberger et al., 1993). Esta memória caracteriza-se por ser específica, rapidamente criada e mantida por períodos de tempo mais longos (Weinberger, 2007). O córtex sensorial primário também está implicado na representação do momento de uma recompensa esperada (Gavornik et al., 2009; Pleger et al., 2008), que anteriormente se pensava estar reservado exclusivamente a áreas corticais superiores. Além disso, o momento previsível dos estímulos sensoriais relacionados com a tarefa parece melhorar a velocidade e a precisão do desempenho, melhorando tanto o processamento sensorial como a preparação motora (Jaramillo e Zador, 2011). Mais importante ainda para esta tese, há fortes evidências de que o envolvimento em tarefas de condicionamento guiado pelos sentidos induz plasticidade neuronal nos córtices sensoriais primários (Butt et al., 2009; Gdalyahu et al., 2012; Long e Carmena, 2013; Polley, 2006; Recanzone et al., 1993; Weinberger, 2007; Weinberger et al., 1993), que será discutido em mais pormenor no parágrafo seguinte. Assim, os córtices sensoriais primários podem realizar uma variedade de tarefas muito para além da simples transferência de informação sensorial. São o local da interação dos fluxos de informação de cima para baixo e de baixo para cima, adaptando-se dinamicamente através da execução de diferentes algoritmos em resposta a diferentes contextos comportamentais (Fritz et al., 2007; Gilbert et al., 2001). As influências descendentes incluem a atenção, as expectativas, o priming, as tarefas perceptivas e os testes de hipóteses, revelando uma riqueza e uma complexidade da representação interna. Pensa-se que a atenção, enquanto evento descendente, ativa o núcleo basal, que por sua vez, através do neuromodulador acetilcolina, ativa receptores muscarínicos no córtex sensorial primário, responsáveis por eventos de plasticidade (Fritz et al., 2007). Foi demonstrado que vários outros neuromoduladores moldam os estados cerebrais através de ligações diretas e indirectas (Hurley et al., 2004). Assim, uma hipótese sobre a forma como as áreas corticais interagem na aprendizagem perceptiva é através dos mecanismos de gating do estado cerebral específico, que comunica a forma como os inputs sensoriais devem ser interpretados em todos os níveis de processamento, através de uma ação mútua de vários estados cerebrais e conexões de feedback (Gilbert et al., 2001). Isto permite múltiplas funções de cada área cortical, incluindo os córtices sensoriais primários. Em essência, as redes corticais fazem mais do que o processamento de sinais, mas geram um comportamento orientado para um objetivo como resultado de um contexto conjunto de sinais internos e externos (Feldmeyer et al., 2013).

5.2. Qual é a correlação entre a aprendizagem e a plasticidade do mapa?

Considera-se geralmente que a aprendizagem de uma tarefa comportamental guiada pelos sentidos coincide com eventos de plasticidade (Froemke et al., 2012) ou, mais especificamente, que a plasticidade é um substrato neuronal para a ocorrência da aprendizagem (Conner et al., 2003). As tarefas de condicionamento induziram alterações impressionantes nas respostas das camadas infragranulares do córtex somatossensorial, como o aumento do número de neurónios responsivos e o prolongamento das respostas (Wiest et al., 2010). Essas alterações foram específicas ao estímulo saliente aplicado nos paradigmas experimentais (Kilgard et al., 2002). Vários estudos mostraram que as modificações nas propriedades de resposta do córtex somatossensorial primário ocorrem em conjunto com a aprendizagem de um

tarefa de condicionamento novo (Gdalyahu et al., 2012; Long e Carmena, 2013). Curiosamente, foi demonstrado que o alargamento do mapa aumenta proporcionalmente com o grau de aprendizagem (Rutkowski e Weinberger, 2005). Mais ainda, foi demonstrado que a prevenção da expansão do mapa através do bloqueio da modulação colinérgica prejudica a aprendizagem (Conner et al., 2005; Miasnikov et al., 2001; Ramanathan et al., 2009). No entanto, Peron et al. não conseguiu encontrar a expansão da representação cortical da vibrissa poupada usada no comportamento guiado pelo bigode (Peron et al., 2015). De facto, a expansão do mapa cortical nem sempre se correlaciona com a aprendizagem (Reed et al., 2011), ao ponto da ausência de modificações da topografia cortical, com apenas ligeiras alterações nas propriedades de resposta (Brown, 2004). De igual modo, tem-se revelado difícil estabelecer uma relação causal entre a LTP hipocampal e a aprendizagem (Buonomano e Merzenich, 1998). No entanto, os resultados de outro conjunto de estudos demonstram que a plasticidade do mapa sofre um aumento transitório durante a aprendizagem, melhorando o desempenho, e subsequentemente renormaliza após o domínio da tarefa (Molina-Luna et al., 2008; Reed et al., 2011; Yotsumoto et al., 2008). A renormalização dos mapas corticais ocorre provavelmente quando o número mínimo de células para o desempenho bem-sucedido da tarefa é estabelecido (Gdalyahu et al., 2012). Além disso, o grau de expansão do mapa foi correlacionado com a motivação do animal para o desempenho (Reed et al., 2011). As discrepâncias mencionadas podem dever-se a diferentes métodos e locais de registo, a diferentes momentos de aquisição de dados relativamente à fase de aprendizagem ou mesmo a diferenças na própria conceção da tarefa. A conceção da tarefa desempenha, de facto, um papel crucial, uma vez que se demonstrou que a estratégia da tarefa determina fortemente a plasticidade do mapa, sobrepondo-se ao impacto da motivação (Bieszczad e Weinberger, 2010b). É de notar que apenas um subconjunto de neurónios está sujeito a alterações de plasticidade para permitir a preservação da estabilidade das redes corticais (Fritz et al., 2007). Este facto pode contribuir para explicar as discrepâncias observadas na comparação dos resultados de diferentes experiências.

5.3. Modulação bidirecional flexível da representação neuronal de estímulos

A exposição passiva a apresentações repetidas de estímulos sensoriais leva à habituação cortical e à redução das respostas neuronais (Kato et al., 2015). À medida que o animal aprende que um determinado estímulo não é comportamentalmente relevante, a quantidade de atividade cortical dedicada será reduzida, provavelmente porque prestar atenção a ele não apresenta nenhuma vantagem evolutiva. No entanto, esse processo pode ser revertido quando o estímulo ganha significado comportamental. De facto, uma grande quantidade de investigação demonstrou que a atividade neuronal no córtex sensorial primário pode ser rapidamente reorganizada através do comportamento numa tarefa orientada pelos sentidos (Gdalyahu et al., 2012; Long e Carmena, 2013; Siucinska e Kossut, 1996b). Esse aumento flexível da atividade induzida pela aprendizagem pode ser regulado pela supressão de interneurônios corticais que expressam somatostatina (SOM) e não pela entrada talâmica, uma vez que as células da camada 4 não mostram modificações em sua atividade (Kato et al., 2015). De facto, foi demonstrado que um pré-requisito para a plasticidade é um período de inibição restrita (Froemke et al., 2012; Posluszny et al., 2015). Um dos possíveis mediadores dessa mudança no equilíbrio entre excitação e inibição poderia ser o sistema neuromodulador colinérgico (Froemke et al., 2012; Pinto et al., 2013; Polack et al., 2013) que também impulsiona a atividade em células que expressam SOM (Chen et al., 2015). O impulso excitatório de áreas corticais superiores poderia igualmente regular a atividade das células SOM, ou mesmo dos seus neurónios vizinhos inibitórios (Lee et al., 2013; Pfeffer et al., 2013; Pi et al., 2013). No estudo apresentado nesta tese, não foi possível encontrar neurónios específicos que fossem os portadores da modulação bidirecional. Em vez disso, as alterações reflectiram-se na atividade média da população, com actividades variáveis de neurónios individuais, como demonstrado em estudos que monitorizam a capacidade de resposta a longo prazo dos neurónios do córtex do barril (Lütcke et al., 2013b). Acredita-se que a atenção gere eventos de plasticidade. As mudanças de atenção podem ocorrer tão rapidamente quanto 20 ms após o início do estímulo (Panteví et al., 1993), e as modificações de plasticidade podem durar até uma vida inteira, mostrando uma diferença nas escalas de tempo. Assim, a atenção parece ser um precursor das alterações da plasticidade, mas para manter essas alterações, muito provavelmente ocorrem mecanismos não atencionais (Fritz et al., 2007).

5.4. Envolvimento e processamento cortical dependente do estado

O envolvimento comportamental dos roedores aumenta as respostas neuronais corticais ao mesmo estímulo sensorial, tanto na investigação apresentada nesta tese como na de outros (Fritz, 2005; Sachidhanandam et al., 2013; Yang et al., 2015). É provável que o envolvimento numa tarefa envolva um processamento de nível superior, como a integração sensório-motora, o impacto motivacional, a atenção, a expetativa de recompensa, as associações entre estímulos e recompensas, etc., mas os seus mecanismos exactos de processamento sensorial ainda não são claros (Krupa et al., 2004). Krupa e colegas demonstraram que, nas camadas infragranulares, o início das respostas é mais precoce na condição de envolvimento, devido a efeitos descendentes, possivelmente provenientes do córtex somatossensorial secundário, do córtex motor ou da S1 contralateral (Krupa et al., 2004). No entanto, alguns estudos sugerem que o envolvimento na tarefa não afecta as respostas evocadas, mas tem um efeito excitatório na atividade talâmica (Otazu et al., 2009), ou modula a atividade espontânea (Rodgers e DeWeese, 2014). De facto, os padrões de atividade espontânea produzidos endogenamente interagem com o input sensorial nas áreas sensoriais primárias (Ringach, 2009). No entanto, a maioria dos estudos mostra um aumento das taxas de disparo durante a realização de uma tarefa, o que foi explicado no macaco como uma atenção reforçada (Cohen e Maunsell, 2009; Reynolds e Chelazzi, 2004; Steinmetz e Moore, 2014). É provável que a atenção seja um efeito de cima para baixo, dessincronizando a área cortical que representa o objeto ou recurso atendido (Chalk et al., 2010; Cohen e Maunsell, 2009; Mitchell et al., 2009). Curiosamente, a elevação da atividade durante uma saída comportamental na condição de envolvimento, em comparação com a exposição passiva ao estímulo, é causada por uma despolarização tardia que começa 50 ms após o início do estímulo (Sachidhanandam et al., 2013). Além disso, este efeito não parece surgir do tálamo ou mesmo dos neurónios mecanorreceptivos, mas sim como um efeito top-down do córtex somatossensorial secundário (Yang et al., 2015). Isto não exclui o provável impacto dos sistemas neuromoduladores, como o sistema colinérgico que tem um papel causal na regulação da atividade cortical e do processamento sensorial (Butt et al., 2009; Pinto et al., 2013) ou o sistema noradrenérgico que regula a vigília (Constantinopla e Bruno, 2011). A estimulação do sistema de recompensa do cérebro através da libertação dopaminérgica da VTA estimula a formação de mapas corticais específicos do estímulo , demonstrando o envolvimento dos córtices sensoriais primários no processamento da recompensa (Hui et al., 2009; Pantoja et al., 2007; Shuler e Bear, 2006). Curiosamente, Otazu e colegas demonstraram exatamente o contrário no seu estudo realizado no córtex auditivo do rato (Otazu et al., 2009). Enquanto o rato estava envolvido numa tarefa de 2-AFC, as respostas evocadas pelo som testemunharam paradoxalmente uma redução no córtex auditivo primário, conforme demonstrado por registos electrofisiológicos, possivelmente devido a uma depressão nas sinapses talamocorticais (Otazu et al., 2009). Essa discrepância poderia ser explicada pelo registro realizado em camadas mais profundas. Além disso, o seu estímulo sensorial estava longe do limiar e a redução observada poderia ter sido para os estímulos irrelevantes (Otazu et al., 2009).

O comportamento de bater pode também ter influência no processamento sensorial. A imobilidade silenciosa do animal permite uma deteção óptima de um único estímulo, ao passo que o movimento de "whisking" facilita a deteção de múltiplos estímulos de "whisker" (Fanselow e Nicolelis, 1999; Nicolelis e Fanselow, 2002). Assim, os recursos corticais dedicados ao processamento de sinais sensoriais parecem ser afectados em função do estado comportamental do animal (Fanselow e Nicolelis, 1999; Niell e Stryker, 2010; Zhou et al., 2014) e são continuamente modificados em resposta a exigências externas (Ulanovsky, 2004). Diferentes estados corticais foram observados pela primeira vez através de medições de EEG e abrangem uma grande variedade de estados altamente sincronizados a altamente dessincronizados, que por sua vez podem ter várias quantidades de atividade gama e/ou ativar diferentes tipos de células (Harris e Thiele, 2011). É importante notar que o estado passivo e acordado não é simplesmente um ponto entre o estado totalmente ativo e o sono, mas cada estado tem uma assinatura neuronal distinta e caraterística (Otazu et al., 2009). O organismo alterna entre diferentes estados cerebrais através de vários mecanismos diferentes. A ativação dos sistemas colinérgicos desempenha um papel parcial na dessincronização do estado cerebral (Buzsáki et al., 1988; Mena-Segovia et al., 2008; Metherate et al., 1992). O sistema serotoninérgico pode igualmente desempenhar um papel na dessincronização do cérebro, independentemente da acetilcolina (Dringenberg et al., 2003), tal como o sistema noradrenérgico (Constantinopla e Bruno, 2011). Estes sistemas neuromoduladores são activados através de estímulos salientes de recompensa ou punição, eventos externos, atenção e expectativas numa base momento a momento (Clayton, 2004; Lin e Nicolelis, 2008; Otazu et al., 2009; Ranade e Mainen, 2009; Richardson e DeLong, 1990). Para além dos vários sistemas neuromoduladores, os neurónios glutamatérgicos talâmicos podem causar dessincronização cortical através do aumento das suas taxas de disparo tónico (Bezdudnaya et al., 2006; Fanselow et al., 2001; Otazu et al., 2009). Tanto as células de relé talâmicas como os seus neurónios reticulares estão sujeitos a excitação e inibição colinérgica, respetivamente (Hirata, 2006). É, no entanto, importante notar que os sistemas glutamatérgicos e neuromoduladores mencionados têm efeitos diferentes em diferentes neurónios e sinapses, e em diferentes áreas corticais (Dembrow et al., 2010; Kawaguchi e Shindou, 1998; Lawrence, 2008).

5.5. Onde é que o sinal de erro é codificado?

Quando o comportamento não conduz ao resultado desejado no condicionamento instrumental, a ocorrência de um erro de previsão leva a um reajustamento comportamental, também explicado como "aprendizagem causal". Tanto os sucessos como os fracassos oferecem informações valiosas no que diz respeito à otimização do desempenho da tarefa. Em vez de avaliar toda a informação que entra e sai, o organismo optimiza o processamento neuronal comparando o que é previsto com o que realmente acontece. Esta aprendizagem de adaptação aos resultados dura, teoricamente, até que os erros de previsão sejam eliminados. Nesta tese, foi demonstrado que as respostas corretas e erradas são representadas por uma quantidade semelhante e estatisticamente indistinguível de atividade cortical no córtex somatossensorial primário. De facto, pensa-se que os erros são sinalizados no córtex pré-frontal e cingulado, com a construção e distribuição de sinais de erro provenientes do sistema dopaminérgico (Alexander e Brown, 2011; Frank et al., 2005; Matsumoto et al., 2007; Rushworth e Behrens, 2008; Schultz et al., 1997; Yuan et al., 2015). O sistema colinérgico, bem como o sistema noradrenérgico, também têm sido implicados na codificação de estímulos e recompensas imprevistos, mudando rapidamente o processamento atencional e comportamental do animal (Schultz e Dickinson, 2000). A integração de um sinal de erro neuronal envolveria regras de aprendizagem hebbiana (Schultz e Dickinson, 2000), com as respostas a passarem da recompensa primária (estímulo incondicionado) para o estímulo preditivo (condicionado) através da atividade dos neurónios dopaminérgicos e noradrenérgicos (Aston-Jones et al., 1994). No entanto, a atividade relacionada com o erro também foi demonstrada no córtex visual primário, com o estímulo-alvo a receber menos atividade do que o distractor em ensaios errados, devido a influências descendentes do córtex pré-frontal que transmitem o julgamento errado para a área primária (Pooresmaeili et al., 2014). Outro estudo explicou o mecanismo exato deste processo em humanos, mostrando que, após um erro, o pMFC, através da ativação de projecções colinérgicas, ajusta a atividade neuronal em áreas cerebrais relevantes para a tarefa, aumentando a representação de estímulos relevantes e diminuindo a atividade ou estímulos irrelevantes (Danielmeier et al., 2015). A otimização comportamental após um erro parece depender de influências top-down para a sua deteção e implementação.

5.6. Integração bilateral e estímulos ipsilaterais

O córtex cerebral do roedor tem de comparar continuamente a informação sensorial proveniente das vibrissas de ambos os lados do focinho para navegar no ambiente (Shuler et al. 2002). Shuler et al. demonstraram com registos electrofisiológicos que as respostas ipsilaterais e contralaterais na camada 5 são comparáveis em magnitude (Shuler et al., 2001). Em contraste, os nossos dados de imagem da camada 2/3 mostram que as respostas ipsilaterais são consideravelmente mais pequenas. Isto indica potenciais discrepâncias entre as camadas corticais na representação da entrada sensorial de diferentes hemisférios no córtex barril. Também se apresentam dados contraditórios relativamente às interações inter-hemisféricas, que continuam a ser um tópico pouco compreendido. Os dados apresentados nesta tese apontam no sentido de que um estímulo ipsilateral apresentado simultaneamente reforçará a representação sensorial do estímulo contralateral na camada 2/3. Em contraste, Shuler et al. demonstraram que um estímulo ipsilateral temporalmente precedente inibe um estímulo contralateral na camada 5 (Shuler et al., 2001). A inibição na camada 5 devido ao emparelhamento com um estímulo ipsilateral também foi demonstrada na região da pata traseira (Palmer et al., 2012). Wiest e colegas demonstraram que, em animais acordados, a estimulação bilateral simultânea apresenta fortes interações e heterogeneidade de efeitos (Wiest, 2005). Uma vez que as fibras calosas são predominantemente excitatórias por natureza, a inibição pode ser devida a interneurónios locais. As diferenças de efeitos nas interações bilaterais podem dever-se a diferenças nos respectivos tempos de ocorrência do estímulo e/ou ao facto de ocorrerem em diferentes camadas corticais, possivelmente através de mecanismos diversos.

É interessante notar que a aprendizagem pode ser transferida através do hemisfério para o barril homólogo (Harris e Diamond, 2000). A transferência da aprendizagem é tanto mais rápida quanto maior for a área cortical partilhada (Harris et al., 1999). Outro local possível para a interação inter-hemisférica é o córtex somatossensorial secundário, uma vez que está reciprocamente ligado ao córtex primário e secundário ipsilateral, ao tálamo e ao córtex primário contralateral (Debowska et al., 2011). Esta área apresenta um papel na integração bilateral, mas ainda é pouco compreendida (Debowska et al., 2011).

5.7. As complexidades da investigação sobre a aprendizagem

A comunidade científica tem vindo a investigar os fundamentos neuronais da aprendizagem há mais de cem anos. O avanço de novas e excitantes tecnologias abriu novas janelas para a exploração da função cerebral durante a aprendizagem. Apesar da riqueza da investigação sobre este tema, a comparação é difícil devido às diferenças na dificuldade da tarefa, nos objectivos e na motivação da tarefa, nas espécies, na duração do treino, na resposta comportamental, nas modalidades sensoriais, etc. O contexto ambiental e os factores de produção concorrentes não são normalmente tidos em conta na comparação de várias investigações, mas têm certamente impacto nos resultados (Moucha et al., 2005). Pensa-se que a aprendizagem implica uma interação entre circuitos locais que contêm informações contextuais e ligações de feedback (Gilbert et al., 2001). Os princípios operacionais que orientam a reestruturação das redes neuronais para adotar um novo comportamento não estão totalmente elucidados. O que sabemos é que as alterações de plasticidade são específicas do estímulo (Kilgard et al., 2002) e que os sistemas neuromoduladores controlam os estados comportamentais e, com eles, a plasticidade dependente da experiência (Ahissar e Hochstein, 1993; Recanzone et al., 1993). Na investigação sobre a aprendizagem, prevalece a tendência para privilegiar uma abordagem analítica reducionista, em vez de uma sintética que exige uma integração cuidadosa e abrangente de muitos níveis que ocorrem em várias escalas temporais e áreas cerebrais. Para compreender plenamente a aprendizagem, são necessárias ambas as abordagens. Por exemplo, a aprendizagem pode implicar uma combinação específica de alterações a nível celular intrínseco (condutâncias iónicas oscilatórias, limiar de iniciação de picos, a nível sináptico (LTD, LTP, que é explicado noutro ponto) ou alterações da conetividade a nível dos circuitos. Além disso, é importante sublinhar a distinção entre aprendizagem e desempenho. A aprendizagem é o potencial comportamental do organismo através do qual ocorrem mudanças permanentes através da experiência, enquanto o desempenho é o resultado comportamental apresentado e, por conseguinte, mensurável (Shackleton-Jones, Gross,

McIlveen,1999). Assim, o que estamos realmente a medir é o desempenho. As tarefas de condicionamento são vistas como um paradigma relativamente simples e controlado e, por isso, são muito apelativas para os investigadores, no entanto, existem várias advertências (Gallistel, 2003). Mesmo o condicionamento pavloviano simples pode envolver a aprendizagem simultânea de várias condições e acontecimentos relacionados, exigindo a determinação exacta do conteúdo da aprendizagem (Cahill et al., 2001). De facto, até Sir Charles Sherrington afirmou que o arco reflexo espinal do membro do rato era uma "ficção conveniente" (Cahill et al., 2001). Nos anos setenta, foram descobertos vários conceitos relativos ao condicionamento; não é o momento da resposta incondicionada e da condicionada que gera o condicionamento, mas a sua contingência; o condicionamento a um novo CS não ocorre se o US tiver sido previamente emparelhado com outro CS; se dois CS estiverem presentes desde o início, as respostas a um deles serão muito mais fortes; o condicionamento ocorrerá com o mais fiável dos dois CS disponíveis; e o chamado "condicionamento inibitório" ocorre quando o CS prevê a omissão de um US (Gallistel, 2003). Em suma, todas estas descobertas revelam factos importantes sobre o condicionamento; nomeadamente, que o emparelhamento temporal não é necessário para que este processo ocorra, o que é um equívoco comum. De facto, há muito processamento de informação que vai para além do simples emparelhamento temporal. Além disso, a recompensa não é o único fator que orienta o comportamento. Por exemplo, uma ratazana saciada pode parecer não ter aprendido o paradeiro dos alimentos quando é deixada a explorar o ambiente, mas quando tem fome encontra o caminho, uma vez que ocorre uma aprendizagem latente que não era percetível antes da ocorrência de um motivador (Tolman, 1932). Os ratos com uma amígdala desactivada não se imobilizam aquando da ocorrência do estímulo de medo condicionado. Surpreendentemente, só mais tarde se descobriu que, quando lhes era dada uma oportunidade, evitavam inesperadamente o local do condicionamento e que a lesão da amígdala tinha, de facto, prejudicado a sua capacidade de congelamento incondicionado (Vazdarjanova e McGaugh, 1998)! Estes exemplos exigem uma definição cuidadosa do que foi efetivamente aprendido em comparação com o que é pedido e medido experimentalmente, para evitar simplificações excessivas. Idealmente, a abordagem experimental, teórica e modelar deve funcionar em conjunto para permitir uma compreensão mais profunda da aprendizagem.

5.8. Considerações metodológicas e direcções futuras

Plasticidade no barril adjacente na camada 2/3

A estimulação de um único bigode é fortemente representada no seu barril correspondente, mas as colunas vizinhas também respondem com transientes de cálcio (Kerr et al., 2007; Sato et al.,

2007), dado que as projecções intracorticais de curto alcance terminam no barril vizinho (Kim e Ebner, 1999). Uma vez que os roedores utilizam múltiplos bigodes para explorar o seu ambiente, a informação sensorial pode provavelmente ser armazenada em áreas corticais que excedem o barril correspondente (Chapin, 1984). De facto, os neurónios da camada 2/3 apresentam preferências fracas pelo bigode (Brecht et al., 2003; Kerr et al., 2007; Margolis et al., 2012; Sato et al., 2007). As gravações de unidades individuais mostraram que os campos receptivos dos neurónios na camada 2/3 do córtex do barril do rato compreendem tipicamente dois a seis bigodes (Zhu e Connors, 1999), com a direção da deflexão do bigode a determinar a forma como a resposta se propagará (Andermann e Moore, 2006). Uma caraterística geral dos córtices sensoriais primários é que as camadas infra e supragranulares têm campos receptivos maiores do que a camada 4 e, por conseguinte, podem formar-se campos receptivos integrados maiores e mais complexos, recebendo informação convergente e divergindo a informação para a frente (Buonomano e Merzenich, 1998). A análise espacial da plasticidade nos neurónios da camada 2/3 do rato mostrou efeitos ainda mais fortes nos barris adjacentes ao barril principal do bigode estimulado (Glazewski e Fox, 1996; Margolis et al., 2012). Além disso, a camada 2/3 é um local importante para a neuroplasticidade adulta (Diamond et al., 1994). Curiosamente, a aprendizagem de uma tarefa de transposição de fendas pode ser transferida para os barris vizinhos (Harris e Diamond, 2000). Tanto a exploração das alterações plásticas no barril principal como no barril adjacente oferece informações úteis sobre o processamento da informação sensorial e as alterações de plasticidade na camada 2/3.

Duração do estímulo e comparação dos dados neurométricos com os dados psicométricos

Nesta tese, foi utilizado um estímulo vibrotáctil de um segundo de duração na tarefa 2-AFC com taxas de repetição de 10 a 90 Hz. Stüttgen e Schwarz demonstraram que a deteção beneficia de estímulos mais longos, embora a melhoria com estímulos mais longos seja sublinear. A integração ocorre em menos de 25 ms; neste período de tempo, os dados neurométricos oferecem a melhor sensibilidade e estão de acordo com os dados psicométricos (Stüttgen e Schwarz, 2008c; Stuttgen e Schwarz, 2010). De facto, os ratos apresentam uma adaptação comportamental apenas após um breve encontro com a superfície (Mitchinson et al., 2007). Para estudos futuros, um estímulo mais curto poderia, assim, ser uma via interessante de exploração.

GECIs e imagiologia de cálcio com dois fotões

Um problema potencial com os GECIs é a sua possível interferência com a fisiologia celular normal e/ou com os níveis de cálcio tampão. No entanto, tanto para o GCaMP3 como para o YC3.60, não se registaram sinais mensuráveis de distorções do funcionamento neuronal (Huber et al., 2012; Margolis et al., 2012), mas os danos não podem ser totalmente excluídos. A gama dinâmica dos

GECIs pode ser atenuada pelas proteínas CaM e de ligação a CaM presentes na célula (Nagai et al., 2004). Uma vez que o cálcio está envolvido em vários mecanismos de plasticidade, colocou-se a hipótese de os indicadores de cálcio poderem prejudicar a plasticidade. Em estudos recentes em fatias de cérebro do hipocampo (Huber et al., 2012) e no córtex do barril (Margolis et al., 2012), não foram observados efeitos adversos na plasticidade devido aos GECIs. O transportador de AAV utilizado para administrar os GECIs rotula preferencialmente células excitatórias, causando assim potencialmente um enviesamento (Margolis et al., 2012). Outro problema potencial com a imagiologia do cálcio nos interneurónios é o facto de estes conterem proteínas tampão de cálcio, como a parvalbumina e a calretinina (Barinka e Druga, 2010; Kwan e Dan, 2012; Langer e Helmchen, 2012). Embora o número de potenciais de ação possa ser calculado com uma taxa de sucesso inferior a 100% a partir do tamanho do transiente de cálcio durante baixas taxas de disparo (Grewe et al., 2010; Kerr et al., 2007; Lütcke, 2010b; Margolis et al., 2012), a resolução temporal à escala de milissegundos dos potenciais de ação na imagiologia do cálcio não é viável. Isto deve-se ao lento decaimento da remoção de cálcio da célula, juntamente com as taxas lentas da sua dissociação do corante (Grienberger e Konnerth, 2012b; Helmchen et al., 1996). O método de imagem de dois fotões está limitado às camadas superficiais, sendo a camada cortical 5 o limite de profundidade permitido até à data (Mittmann et al., 2011). Os GECIs com desvio para o vermelho poderiam apresentar a possível solução para esta lacuna ou a obtenção de imagens com um microprisma (Chia e Levene, 2009). Outra via de investigação futura seria a expansão do nosso atual campo de visão imagiológico através da aplicação de novos métodos tridimensionais (Göbel et al., 2007), que permitiriam eventualmente a investigação de redes neuronais de maiores dimensões nas camadas corticais.

Novas tecnologias

Nos últimos anos, assistiu-se ao desenvolvimento de novos métodos interessantes para investigar a função e a anatomia do cérebro. De grande interesse é o avanço dos registos de patch clamp em animais acordados, que, por exemplo, levaram a descobertas sobre a influência dos estados cerebrais nos neurónios excitatórios e inibitórios (Crochet et al., 2011; Gentet et al., 2010, 2012; Poulet e Petersen, 2008). Em animais em movimento livre, é agora possível combinar a estimulação ótica com registos electrofisiológicos através do advento do chamado optetrodo (Anikeeva et al., 2011). Outra inovação técnica do laboratório Deisseroth é a combinação da estimulação optogenética com medições de fMRI, que mostrou como os circuitos globais são recrutados por determinados padrões de atividade. A fibra ótica permite tanto a excitação celular como o registo em ratos em movimento livre ou anestesiados (Adelsberger et al., 2005), (Murayama e Larkum,

2009). Estas técnicas podem ser combinadas com poderosas ferramentas genéticas, que são analisadas no parágrafo seguinte. As avaliações da conetividade local em fatias foram efectuadas mesmo com seis registos simultâneos de células inteiras (Lefort et al., 2009). O laboratório de Deisseroth e outros introduziram métodos optimizados de limpeza de tecidos que limpam os lípidos dos tecidos, mas deixando intactas as proteínas, os nucleótidos e todas as estruturas finas (Chung e Deisseroth, 2013). Com estes métodos, as investigações histológicas podem ser efectuadas em redes corticais e subcorticais muito grandes para finalmente elucidar a conetividade total do sistema.

Investigação dos papéis causais dos subtipos neuronais na plasticidade e na aprendizagem

A investigação apresentada nesta tese mostrou que os ratinhos são tão capazes como os ratos de aprender tarefas complexas. Uma das vantagens do rato como organismo modelo é o facto de oferecer uma infinidade de linhas transgénicas que abrem caminhos de investigação sem precedentes. Por exemplo, as linhas de condutores Cre-transgénicos do rato permitem a identificação de subtipos neuronais específicos, permitindo-nos assim dissecar as suas respectivas contribuições e papéis na modelação da dinâmica cortical e dos eventos de plasticidade (Knöpfel, 2012; Lee et al., 2010; Taniguchi et al., 2011; Zariwala et al., 2011). Para além da identificação de subtipos, as ferramentas optogenéticas permitem-nos ativar e/ou silenciar de forma reversível e selectiva classes neuronais para sondar o seu papel causal numa variedade de paradigmas (Guo et al., 2014; Kim et al., 2013; Yizhar et al., 2011). Para expandir o trabalho apresentado nesta tese, poder-se-ia, com a ajuda de ferramentas genéticas, identificar vários subgrupos, como os neurónios inibitórios, para dissecar os circuitos envolvidos na plasticidade do mapa cortical, uma vez que foi demonstrado que o aumento transitório do rácio excitação versus inibição está correlacionado com a plasticidade (Froemke et al., 2012; Yang et al., 2015). A camada 2/3 é particularmente interessante, uma vez que está sob forte inibição dos neurónios GABAérgicos que disparam a taxas consideravelmente mais elevadas do que os neurónios excitatórios e são responsáveis pela codificação esparsa (Gentet et al., 2010). As manipulações optogenéticas dos neurónios GABAérgicos poderiam elucidar o seu papel causal na formação dos padrões de disparo corticais (Guo et al., 2014). Uma vez que a modulação colinérgica tem sido implicada como uma porta de entrada de atenção para a plasticidade, poder-se-ia silenciar ou ativar optogeneticamente para determinar o seu potencial papel causal na aprendizagem (Ahissar e Hochstein, 1993).

Questões em aberto sobre plasticidade e aprendizagem

Ainda há muitas questões por resolver no que respeita à plasticidade neuronal, a começar pelo facto de ainda não compreendermos claramente como é que o córtex processa a informação. A forma como o cérebro pode aprender novas associações úteis a partir do fluxo de informações sensoriais recebidas e frequentemente concorrentes ainda não é clara, embora os modelos computacionais de atenção selectiva tenham tentado elucidar este tópico (Dayan et al., 2000). Além disso, é necessário investigar os papéis e modalidades específicos da inibição, o modo como as diferentes camadas contribuem e interagem, os locais de plasticidade, quais são as interações e os papéis respectivos dos três níveis de plasticidade estudados (sináptico, celular e representacional), etc. Uma tarefa vasta, mas crucial, seria separar a relação causal entre a plasticidade e a reorganização do mapa cortical, uma vez que são classicamente estudadas em separado. Uma questão interessante que poderia ser facilmente abordada com a nossa configuração é aprofundar a compreensão de como a estratégia comportamental utilizada afecta a expressão da neuroplasticidade (Bieszczad e Weinberger, 2010b). É importante sublinhar que a comparação direta entre tarefas é difícil devido aos diferentes níveis de motivação, dificuldade da tarefa, duração do treino, respostas comportamentais, objectivos da tarefa, etc.

Para aprofundar a nossa compreensão da aprendizagem, um objetivo fundamental seria encontrar as possíveis regras que a regem. As regras clássicas da plasticidade hebbiana centram-se na atividade pré e pós-sináptica. No entanto, atualmente, existe a hipótese de que um terceiro fator de gating neuromodulatório, que codifica a novidade e / ou recompensa, deve ser incluído (Frémaux e Gerstner, 2016). Por exemplo, uma regra de aprendizagem hebbiana modulada por recompensa sugere que a correlação entre a atividade pré-sináptica, a diferença da média recente do potencial pós-sináptico e um sinal de recompensa neuromodulador impulsiona as mudanças de peso sináptico (Loewenstein e Seung, 2006). As regras de aprendizagem de três factores, incluindo a atividade dopaminérgica, já foram estudadas nas sinapses corticostriais (Reynolds e Wickens, 2002), embora não tenham sido rigorosamente estudadas a nível experimental. Para que as regras de aprendizagem moduladas pela recompensa possam captar as alterações empíricas da plasticidade, é necessária mais investigação que junte a modelação teórica da atividade da rede neuronal à validação experimental em animais com comportamento.

6. Referências

Adelsberger, H., Garaschuk, O., e Konnerth, A. (2005). Ondas de cálcio cortical em ratos recém-nascidos em repouso. Nat. Neurosci. *8,* 988-990.

Adibi, M., e Arabzadeh, E. (2010). A Comparison of Neuronal and Behavioral Detection and Discrimination Performances in Rat Whisker System [Comparação dos desempenhos de deteção e discriminação neuronal e comportamental no sistema de bigodes de ratos]. J. Neurophysiol. *105,* 356-365.

Adibi, M., Diamond, M.E., e Arabzadeh, E. (2012). Estudo comportamental da sensação de vibração mediada por bigodes em ratos. Proc. Natl. Acad. Sci. *109,* 971-976.

Ahissar M, Hochstein S. (1997). A dificuldade da tarefa e a especificidade da aprendizagem perceptiva. Nature 387,401-406.

Ahissar, M., e Hochstein, S. (1993). Controlo atencional da aprendizagem perceptiva precoce. Proc. Natl. Acad. Sci. *90,* 5718-5722.

Ahissar, E., Vaadia, E., Ahissar, M., Bergman, H., Arieli, A., e Abeles, M. (1992). Dependência da plasticidade cortical na atividade correlacionada de neurónios individuais e no contexto comportamental. Science *257,* 1412-1415.

Alexander, W.H., e Brown, J.W. (2011). O córtex pré-frontal medial como um preditor de ação-resultado. Nat. Neurosci. *14,* 1338-1344.

Andermann, M.L. (2010a). Imagem celular crónica do córtex visual do rato durante o comportamento operante e a visualização passiva. Front. Cellullar Neurosci.

Andermann, M.L. (2010b). Imagem celular crónica do córtex visual do rato durante o comportamento operante e a visualização passiva. Front. Cellullar Neurosci.

Andermann, M.L., e Moore, C.I. (2006). Um mapa somatotópico da direção do movimento da vibrissa dentro de uma coluna de barril. Nat. Neurosci. *9,* 543-551.

Anikeeva, P., Andalman, A.S., Witten, I., Warden, M., Goshen, I., Grosenick, L., Gunaydin, L.A., Frank, L.M., e Deisseroth, K. (2011). Optetrode: uma leitura multicanal para controlo optogenético em ratos em movimento livre. Nat. Neurosci. *15,* 163-170.

Arabzadeh, E., Petersen, R.S., e Diamond, M.E. (2003). Codificação da vibração do bigode por neurónios do córtex do barril de rato: implicações para a discriminação de texturas. J. Neurosci. *23,* 91469154.

Aronoff, R., Matyas, F., Mateo, C., Ciron, C., Schneider, B., e Petersen, C.C.H. (2010). Conectividade de longo alcance do córtex somatossensorial primário do barril do rato: Long-range connectivity of barrel cortex. Eur. J. Neurosci. *31, 2221-2233.*

Aston-Jones, G., Rajkowski, J., Kubiak, P., e Alexinsky, T. (1994). Os neurónios do Locus coeruleus no macaco são activados seletivamente por pistas atendidas numa tarefa de vigilância. J. Neurosci. *14*, 4467-4480.

Atallah, B.V., Bruns, W., Carandini, M., e Scanziani, M. (2012). Expressão de Parvalbumina Os interneurônios transformam linearmente as respostas corticais aos estímulos visuais. Neurónio *73*, 159-170.

Attwell, D., e Laughlin, S.B. (2001). Um orçamento de energia para sinalização na matéria cinzenta do cérebro. J. Cereb. Blood Flow Metab. *21*, 1133-1145.

Avermann, M., Tomm, C., Mateo, C., Gerstner, W., e Petersen, C.C.H. (2012). Microcircuitos de neurônios excitatórios e inibitórios na camada 2/3 do córtex do barril de camundongo. J. Neurophysiol. *107*, 3116-3134.

Barinka, F., e Druga, R. (2010). Expressão de calretinina no neocórtex de mamíferos: uma revisão. Physiol. Res. *59*, 665.

Bekisz, M., Garkun, Y., Wabno, J., Hess, G., Wrobel, A., e Kossut, M. (2010). Aumento da excitabilidade dos neurónios corticais induzido pela aprendizagem associativa: um estudo ex vivo: Aumento da excitabilidade neuronal cortical induzido pela aprendizagem. Eur. J. Neurosci. *32*, 1715-1725.

Bender, K.J. (2006). Base sináptica para depressão sináptica induzida por privação de bigodes no córtex somatossensorial de ratos. J. Neurosci. *26*, 4155-4165.

Bezdudnaya, T., Cano, M., Bereshpolova, Y., Stoelzel, C.R., Alonso, J.-M., e Swadlow, H.A. (2006). Modo de explosão talâmica e desatenção no LGNd acordado. Neuron *49*, 421-432.

Bieszczad, K.M., e Weinberger, N.M. (2010a). O ganho representacional na área cortical está subjacente ao aumento da força da memória. Proc. Natl. Acad. Sci. U. S. A. *107*, 3793-3798.

Bieszczad, K.M., e Weinberger, N.M. (2010b). A estratégia de aprendizagem supera o nível motivacional na determinação da plasticidade cortical auditiva induzida pela aprendizagem. Neurobiol. Learn. Mem. *93*, 229239.

Bieszczad, K.M., Miasnikov, A.A., e Weinberger, N.M. (2013). Remodelar mapas corticais sensoriais implanta memória comportamental específica. Neuroscience *246*, 40-51.

Blake, D.T., Heiser, M.A., Caywood, M., e Merzenich, M.M. (2006). A plasticidade cortical adulta dependente da experiência requer associação cognitiva entre sensação e recompensa. Neurónio *52*, 371-381.

Brecht, M., Roth, A., e Sakmann, B. (2003). Campos Receptivos Dinâmicos de Células Piramidais Reconstruídas nas Camadas 3 e 2 do Córtex Somatossensorial de Barril de Rato. J. Physiol. *553*, 243-

265.

Britten, K.H., Shadlen, M.N., Newsome, W.T., e Movshon, J.A. (1992). A análise do movimento visual: uma comparação do desempenho neuronal e psicofísico. J. Neurosci. *12,* 47454765.

Brown, M. (2004). Aprendizagem Percetual numa Tarefa de Discriminação de Frequência Auditiva por Gatos: Association with Changes in Primary Auditory Cortex. Cereb. Cortex *14,* 952-965.

Buonomano, D.V., e Merzenich, M.M. (1998). Cortical plasticity: from synapses to maps. Annu. Rev. Neurosci. *21,* 149-186.

Butt, A.E., Chavez, C.M., Flesher, M.M., Kinney-Hurd, B.L., Araujo, G.C., Miasnikov, A.A., e Weinberger, N.M. (2009). Aumentos dependentes de aprendizagem de associação na liberação de acetilcolina no córtex auditivo de ratos durante o condicionamento clássico auditivo. Neurobiol. Learn. Mem. *92,* 400-409.

Buzsáki, G., Bickford, R.G., Ponomareff, G., Thal, L.J., Mandel, R., e Gage, F.H. (1988). Núcleo basalis e controle talâmico da atividade neocortical no rato em movimento livre. J. Neurosci. *8,* 4007-4026.

Cahill, L., McGaugh, J.L., e Weinberger, N.M. (2001). The neurobiology of learning and memory: some reminders to remember. Trends Neurosci. *24,* 578-581.

Carvell, G.E., e Simons, D.J. (1990). Análises biométricas da discriminação tátil vibrissal no rato. J. Neurosci. *10,* 2638-2648.

Castro-Alamancos, M.A. (2004). Dinâmica das redes sinápticas talamocorticais sensoriais durante os estados de processamento de informação. Prog. Neurobiol. *74,* 213-247.

Carvell GE. e Simons DJ. (1995). Diferenças relacionadas com a tarefa e o sujeito no comportamento sensório-motor durante o toque ativo. Somatosens Mot Res 12, 1-9.

Cauller, L.J., Clancy, B., e Connors, B.W. (1998). Projeções corticais para trás no córtex somatossensorial primário em ratos estendem longos axônios horizontais na camada I. J. Comp. Neurol. *390,* 297-310.

Chalk, M., Herrero, J.L., Gieselmann, M.A., Delicato, L.S., Gotthardt, S., e Thiele, A. (2010). A atenção reduz as oscilações de frequência gama acionadas por estímulo e a coerência do campo de picos em V1. Neurónio *66,* 114-125.

Chapin, J.K. (1984). Codificação sensório-motora por atividade de conjunto neural síncrono em vários níveis do sistema somatossensorial. Química *23,* 4519.

Chen, J.L., Andermann, M.L., Keck, T., Xu, N.-L., e Ziv, Y. (2013). Imaging Neuronal Populations in Behaving Rodents: Paradigmas para o estudo de circuitos neurais subjacentes ao comportamento no córtex de mamíferos. J. Neurosci. 33, 17631-17640.

Chen, J.L., Voigt, F.F., Javadzadeh, M., Krueppel, M.R., Helmchen, F. (2016). Dinâmica populacional de longo alcance de redes neocorticais anatomicamente definidas. eLife. 5:e14679.

Chen, N., Sugihara, H., e Sur, M. (2015). Um microcircuito ativado por acetilcolina impulsiona a dinâmica temporal da atividade cortical. Nat. Neurosci. *18*, 892-902.

Chen, T.W., Wardill, T.J., Sun, Y., Pulver, S.R., Renninger, S.L. ,Baohan, A., Schreiter, E.R., Kerr, R.A., Orger, M.B., Jayaraman V., Looger, L.L., Svoboda, K., e Kim, D.S. (2013). Proteínas fluorescentes ultra-sensíveis para imagiologia da atividade neuronal

Natureza. 499(7458): 295-300.

Chia, T.H., and Levene, M.J. (2009). <em>In vivo</em> Imaging of Deep Cortical Layers using a Microprism. J. Vis. Exp.

Chiaia, N.L., Rhoades, R.W., Bennett-Clarke, C.A., Fish, S.E., e Killackey, H.P. (1991). Processamento talâmico de informação vibratória no rato. I. Entrada aferente para os núcleos posterior e posterior ventral medial. J. Comp. Neurol. *314*, 201-216.

Chung, K., e Deisseroth, K. (2013). CLARIDADE para mapear o sistema nervoso. Nat. Methods *10*, 508-513.

Clack, N.G., O'Connor, D.H., Huber, D., Petreanu, L., Hires, A., Peron, S., Svoboda, K., e Myers, E.W. (2012). Rastreamento automatizado de bigodes em vídeos de roedores com cabeça fixa. PLoS Comput. Biol. *8*, e1002591.

Clayton, E.C. (2004). Phasic Activation of Monkey Locus Ceruleus Neurons by Simple Decisions in a Forced-Choice Task (Ativação Fásica dos Neurónios do Locus Ceruleus do Macaco por Decisões Simples numa Tarefa de Escolha Forçada). J. Neurosci. *24*, 9914-9920.

Cohen, M.R., e Maunsell, J.H.R. (2009). A atenção melhora o desempenho principalmente através da redução das correlações interneuronais. Nat. Neurosci. *12*, 1594-1600.

Cohen, M.R., e Newsome, W.T. (2009). Estimates of the Contribution of Single Neurons to Perception Depend on Timescale and Noise Correlation [Estimativas da Contribuição de Neurónios Únicos para a Perceção Dependem da Escala de Tempo e da Correlação de Ruído]. J. Neurosci. *29*, 6635-6648.

Conner, J.M., Culberson, A., Packowski, C., Chiba, A.A., e Tuszynski, M.H. (2003). Lesões do sistema colinérgico do prosencéfalo basal prejudicam a aquisição de tarefas e abolem a plasticidade cortical associada à aprendizagem de habilidades motoras. Neurónio *38*, 819-829.

Conner, J.M., Chiba, A.A., e Tuszynski, M.H. (2005). The Basal Forebrain Cholinergic System Is Essential for Cortical Plasticity and Functional Recovery following Brain Injury. Neuron *46*, 173-179.

Constantinopla, C.M., e Bruno, R.M. (2011). Efeitos e mecanismos da vigília nas redes corticais locais. Neurónio *69,* 1061-1068.

Crist, R.E., Li, W., e Gilbert, C.D. (2001). Aprendendo a ver: experiência e atenção no córtex visual primário. Nat. Neurosci. *4*, 519-525.

Crochet, S., Poulet, J.F.A., Kremer, Y., e Petersen, C.C.H. (2011). Mecanismos sinápticos subjacentes à codificação esparsa do toque ativo. Neurónio *69*, 1160-1175.

Cybulska-Klosowicz, A., e Kossut, M. (2000). Os ratos podem aprender a discriminar a rugosidade com as vibrissas num aparelho de salto. Ata Neurobiol. Exp. (Warsz.) *61*, 73-76.

Danielmeier, C., Allen, E.A., Jocham, G., Onur, O.A., Eichele, T., e Ullsperger, M. (2015). A acetilcolina medeia o controle pós-erro comportamental e neural. Curr. Biol. *25*, 1461-1468.

Dayan, P., Kakade, S., e Montague, P.R. (2000). Aprendizagem e atenção selectiva. Nat. Neurosci. *3*, 1218-1223.

De Kock, C.P.J., Bruno, R.M., Spors, H., e Sakmann, B. (2007). Específico da camada e do tipo de célula representação de estímulo supra-limiar no córtex somatossensorial primário de ratos: Respostas sensoriais em todo o córtex do barril. J. Physiol. *581*, 139-154.

Debowska, W., Liguz-Lecznar, M., e Kossut, M. (2011). Plasticidade bilateral da representação de Vibrissae SII induzida por condicionamento clássico em camundongos. J. Neurosci. *31*, 5447-5453.

Dembrow, N.C., Chitwood, R.A., e Johnston, D. (2010). Neuromodulação específica da projeção dos neurônios do córtex pré-frontal medial. J. Neurosci. *30*, 16922-16937.

Denk, W., Strickler, J.H., e Webb, W.W. (1990). Microscopia de fluorescência de varrimento a laser de dois fotões. Science *248*, 73-76.

Diamond, M.E., e Arabzadeh, E. (2013a). Sistema sensorial do bigode - Do recetor à decisão. Prog. Neurobiol. *103*, 28-40.

Diamond, M.E., e Arabzadeh, E. (2013b). Sistema sensorial do bigode - Do recetor à decisão. Prog. Neurobiol. *103*, 28-40.

Diamond, M.E., Huang, W., e Ebner, F.F. (1994). Comparação laminar da plasticidade cortical somatossensorial. Science *265*, 1885-1888.

Dombeck, D.A., Khabbaz, A.N., Collman, F., Adelman, T.L., e Tank, D.W. (2007). Imaging Large-Scale Neural Activity with Cellular Resolution in Awake, Mobile Mice. Neurónio *56*, 4357.

Dombeck, D.A., Harvey, C.D., Tian, L., Looger, L.L., e Tank, D.W. (2010). Imagem funcional das células do lugar do hipocampo em resolução celular durante a navegação virtual. Nat. Neurosci. *13*, 1433-1440.

Douglas, R.J., e Martin, K.A.C. (2004). CIRCUITOS NEURONAIS DO NEOCÓRTEX. Annu. Rev. Neurosci. *27*, 419-451.

Dringenberg, H.C., Vanderwolf, C.H., e Noseworthy, P.A. (2003). A estimulação do colículo superior aumenta a libertação de serotonina neocortical e a ativação electrocorticográfica no rato anestesiado com uretana. Brain Res. *964*, 31-41.

Erlich, J.C., Bialek, M., e Brody, C.D. (2011). Um substrato cortical para orientação guiada por memória no rato. Neurónio *72*, 330-343.

Fanselow, E.E., e Nicolelis, M.A. (1999). Modulação comportamental de respostas táteis no sistema somatossensorial de ratos. J. Neurosci. *19*, 7603-7616.

Fanselow, E.E., Sameshima, K., Baccala, L.A., e Nicolelis, M.A. (2001). A explosão talâmica em ratos durante diferentes estados comportamentais acordados. Proc. Natl. Acad. Sci. *98*, 15330-15335.

Feldmeyer, D., Lübke, J., Silver, R.A., e Sakmann, B. (2002). Synaptic connections between layer 4 spiny neurone-layer 2/3 pyramidal cell pairs in juvenile rat barrel cortex: physiology and anatomy of interlaminar signalling within a cortical column. J. Physiol. *538*, 803-822.

Feldmeyer, D., Brecht, M., Helmchen, F., Petersen, C.C.H., Poulet, J.F.A., Staiger, J.F., Luhmann, H.J., e Schwarz, C. (2013). Função do córtex do barril. Prog. Neurobiol. *103*, 3-27.

Frank, M.J., Woroch, B.S., e Curran, T. (2005). A negatividade relacionada com o erro prevê a aprendizagem do reforço e os preconceitos de conflito. Neuron *47*, 495-501.

Frémaux, N., e Gerstner, W. (2016). Plasticidade dependente do tempo de pico neuromodulado e teoria das regras de aprendizagem de três fatores. Frente. Circuitos Neurais *9*.

Fritz, J.B. (2005). Plasticidade dinâmica diferencial dos campos receptivos A1 durante tarefas espectrais múltiplas. J. Neurosci. *25*, 7623-7635.

Fritz, J.B., Elhilali, M., David, S.V., e Shamma, S.A. (2007). Does attention play a role in dynamic receptive field adaptation to changing acoustic salience in A1? Hear. Res. *229*, 186203.

Fritz, J., Shamma, S., Elhilali, M., Klein, D. (2003). Rapid task.related plasticity of spectrotermporal receptive fields in primary auditory cortex. Nature Neuroscience *6*.

Froemke, R.C., Carcea, I., Barker, A.J., Yuan, K., Seybold, B.A., Martins, A.R.O., Zaika, N., Bernstein, H., Wachs, M., Levis, P.A., et al. (2012). A modificação a longo prazo das sinapses corticais melhora a perceção sensorial. Nat. Neurosci. *16*, 79-88.

Gallistel, C. (2003). O condicionamento numa perspetiva de processamento da informação. Behav. Processos *62*, 89-101.

Galvez, R. (2006). O Condicionamento do Eyeblink com Sinal de Vibrissa Induz a Plasticidade Cortical Somatossensorial. J. Neurosci. *26*, 6062-6068.

Gavornik, J.P., Shuler, M.G.H., Loewenstein, Y., Bear, M.F., e Shouval, H.Z. (2009). Aprendendo o tempo de recompensa no córtex através da expressão dependente de recompensa da plasticidade sináptica. Proc. Natl. Acad. Sci. *106*, 6826-6831.

Gdalyahu, A., Tring, E., Polack, P.O., Gruver, R., Golshani, P., Fanselow, M.S., Silva, A.J., e Trachtenberg, J.T. (2012). O aprendizado associativo do medo aprimora a codificação de rede esparsa no córtex sensorial primário. Neurónio *75*, 121-132.

Gentet, L.J., Avermann, M., Matyas, F., Staiger, J.F., e Petersen, C.C.H. (2010). Dinâmica do potencial de membrana dos neurônios GABAérgicos no córtex do barril de ratos comportados. Neurónio *65*, 422-435.

Gentet, L.J., Kremer, Y., Taniguchi, H., Huang, Z.J., Staiger, J.F., e Petersen, C.C.H. (2012). Propriedades funcionais únicas dos neurônios GABAérgicos que expressam somatostatina no córtex do barril de camundongo. Nat. Neurosci. *15*, 607-612.

Gerdjikov, T.V., Bergner, C.G., Stüttgen, M.C., Waiblinger, C., e Schwarz, C. (2010). Discriminação de Estímulos Vibrotácteis no Sistema Whisker de Rato: Comportamento e Neurometria. Neurónio *65*, 530-540.

Gerhard, F., Pipa, G., Lima, B., Neuenschwander, S., e Gerstner, W. (2011). Extração da topologia de rede a partir de gravações com múltiplos eléctrodos: Is there a Small-World Effect? Front. Comput. Neurosci. *5*.

Gilbert, C.D., Sigman, M., e Crist, R.E. (2001). A base neural da aprendizagem perceptiva. Neuron *31*, 681-697.

Glazewski, S., Chen, C.M., Silva, A. & Fox, K. (1996). Requisito para alfa-CaMKII na plasticidade dependente da experiência do córtex do barril. Science 272, 421-423.

Glazewski, S., e Barth, A.L. (2015). A intensidade do estímulo determina modificações dependentes da experiência nas taxas de disparo de neurônios neocorticais. Eur. J. Neurosci. *41*, 410-419.

Glazewski, S., e Fox, K. (1996). Curso temporal da potenciação e depressão sináptica dependente da experiência no córtex de barril de ratos adolescentes. J. Neurophysiol. *75*, 17141729.

Göbel, W., Kampa, B.M., e Helmchen, F. (2007). Imaging cellular network dynamics in three dimensions using fast 3D laser scanning. Nat. Methods *4*, 73-79.

Goldberg, R.F. (2006). Percetual Knowledge Retrieval Activates Sensory Brain Regions. J. Neurosci. *26*, 4917-4921.

Goldstone, R.L. (1998). Percetual learning. Annu. Rev. Psychol. *49*, 585-612.

Greenberg, D.S., Houweling, A.R., e Kerr, J.N.D. (2008). Population imaging of ongoing neuronal activity in the visual cortex of awake rats. Nat. Neurosci. *11*, 749-751.

Grewe, B.F., Langer, D., Kasper, H., Kampa, B.M., e Helmchen, F. (2010). A imagem de cálcio in vivo de alta velocidade revela a atividade da rede neuronal com uma precisão de quase milissegundos. Nat. Methods *7*, 399-405.

Grewe, B.F., Voigt, F.F., van't Hoff, M., e Helmchen, F. (2011). Imagens rápidas de dois fótons de duas camadas de populações de células neuronais usando uma lente eletricamente ajustável. Biomed. Opt. Express *2*, 2035-2046.

Grienberger, C., e Konnerth, A. (2012a). Imaging Calcium in Neurons. Neuron *73*, 862-885.

Grienberger, C., e Konnerth, A. (2012b). Imaging Calcium in Neurons. Neuron *73*, 862-885. Guo, Z.V., Li, N., Huber, D., Ophir, E., Gutnisky, D., Ting, J.T., Feng, G., e Svoboda, K. (2014). Fluxo de atividade cortical subjacente a uma decisão tátil em camundongos. Neurónio *81*, 179-194.

Haiss, F., Jolivet, R., Wyss, M.T., Reichold, J., Braham, N.B., Scheffold, F., Krafft, M.P., e Weber, B. (2009). Melhoria da imagem de dois fotões *in vivo* após substituição de sangue por perfluorocarbono: Imagem de dois fotões *in vivo* após transfusão de perfluorocarbono. J. Physiol. *587*, 3153-3158.

Harris, J.A., e Diamond, M.E. (2000). Transferência ipsilateral e contralateral da aprendizagem tátil. Neuroreport *11*, 263-266.

Harris, K.D., e Thiele, A. (2011). Estado cortical e atenção. Nat. Rev. Neurosci. *12*, 509523.

Harris, J.A., Petersen, R.S., e Diamond, M.E. (1999). Distribuição da aprendizagem tátil e sua base neural. Proc. Natl. Acad. Sci. *96*, 7587-7591.

Harris, J.A., Harris, I.M., e Diamond, M.E. (2001). A topografia da memória de trabalho tátil. J. Neurosci. *21*, 8262-8269.

von Heimendahl, M., Itskov, P.M., Arabzadeh, E., e Diamond, M.E. (2007). Atividade Neuronal no Córtex do Barril do Rato Subjacente à Discriminação de Textura. PLoS Biol. *5*, e305.

Helmchen, F., e Denk, W. (2005). Microscopia de dois fótons em tecidos profundos. Nat. Methods *2*, 932-940.

Helmchen, F., Imoto, K., e Sakmann, B. (1996). Ca2+ buffering and action potential-evoked Ca2+ signaling in dendrites of pyramidal neurons. Biophys. J. *70*, 1069.

Hentschke, H. (2005). A maioria das pessoas que não têm acesso a um computador, não têm acesso a um computador e não têm acesso a um computador. Cereb. Cortex *16*, 1142-1156.

Hernandez, A., Salinas, E., García, R., e Romo, R. (1997). Discriminação no sentido do flutter: novas medidas psicofísicas em macacos. J. Neurosci. *17*, 6391-6400.

Hirata, A. (2006). A ativação noradrenérgica amplifica as relações sinal-ruído de baixo para cima e de cima para baixo no tálamo sensorial. J. Neurosci. *26*, 4426-4436.

Hofer, S.B., Mrsic-Flogel, T.D., Bonhoeffer, T., e Hübener, M. (2009). A experiência deixa um traço estrutural duradouro nos circuitos corticais. Nature *457*, 313-317.

Hollerman, J.R., e Schultz, W. (1998). Os neurónios dopaminérgicos comunicam um erro na previsão temporal da recompensa durante a aprendizagem. Nat. Neurosci. *1*, 304-309.

Holmgren, C., Harkany, T., Svennenfors, B., e Zilberter, Y. (2003). Comunicação de células piramidais em redes locais na camada 2/3 do neocórtex de ratos. J. Physiol. *551*, 139-153.

Holtmaat, A., e Svoboda, K. (2009). Plasticidade sináptica estrutural dependente da experiência no cérebro dos mamíferos. Nat. Rev. Neurosci. *10*, 647-658.

Horton, J.C., e Adams, D.L. (2005). A coluna cortical: uma estrutura sem função. Philos. Trans. R. Soc. B Biol. Sci. *360*, 837-862.

Hromádka, T., DeWeese, M.R., e Zador, A.M. (2008). Representação esparsa de sons no córtex auditivo não anestesiado. PLoS Biol *6*, e16.

Huber, D., Petreanu, L., Ghitani, N., Ranade, S., Hromádka, T., Mainen, Z., e Svoboda, K. (2008). A microestimulação ótica esparsa no córtex do barril impulsiona o comportamento aprendido em ratos que se movem livremente. Nature *451*, 61-64.

Huber, D., Gutnisky, D.A., Peron, S., O'Connor, D.H., Wiegert, J.S., Tian, L., Oertner, T.G., Looger, L.L., e Svoboda, K. (2012). Múltiplas representações dinâmicas no córtex motor durante a aprendizagem sensório-motora. Nature *484*, 473-478.

Hui, G.K., Wong, K.L., Chavez, C.M., Leon, M.I., Robin, K.M., e Weinberger, N.M. (2009). O controlo condicionado do tom do comportamento de recompensa do cérebro produz um ganho representacional altamente específico no córtex auditivo primário. Neurobiol. Learn. Mem. *92*, 27-34.

Hurley, L., Devilbiss, D., e Waterhouse, B. (2004). A matter of focus: monoaminergic modulation of stimulus coding in mammalian sensory networks (Uma questão de foco: modulação monoaminérgica da codificação de estímulos em redes sensoriais de mamíferos). Curr. Opin. Neurobiol. *14*, 488-495.

Jaramillo, S., e Zador, A.M. (2011). O córtex auditivo medeia os efeitos perceptivos da expetativa temporal acústica. Nat. Neurosci. *14*, 246-251.

Jenkinson, E.W., e Glickstein, M. (2000). Bigodes, barris e vias eferentes corticais no cruzamento de lacunas por ratos. J. Neurophysiol. *84*, 1781-1789.

Ji, W., Gao, E., e Suga, N. (2001). Efeitos da acetilcolina e da atropina na plasticidade dos neurónios auditivos centrais causada pelo condicionamento em morcegos. J. Neurophysiol. *86*, 211-225.

Jones, E.G. (1999). Making brain connections: neuroanatomy and the work of TPS Powell, 1923-1996. Annu. Rev. Neurosci. *22*, 49-103.

Kampa, B.M., Gobel, W., e Helmchen, F. (2011). Medindo a atividade da população neuronal usando a varredura a laser 3D. Cold Spring Harb. Protoc. *2011*, pdb.prot066597-prot066597.

Karni, A., e Sagi, D. (1991). Onde a prática leva à perfeição na discriminação de texturas: evidência de plasticidade do córtex visual primário. Proc. Natl. Acad. Sci. *88*, 4966-4970.

Kato, H.K., Gillet, S.N., e Isaacson, J.S. (2015). Representações sensoriais flexíveis no córtex auditivo impulsionadas pela relevância comportamental. Neuron *88*, 1027-1039.

Kawaguchi, Y., e Shindou, T. (1998). Excitação e inibição noradrenérgica de tipos de células GABAérgicas no córtex frontal do rato. J. Neurosci. *18*, 6963-6976.

Kayser, C., Petkov, C.I., Augath, M., e Logothetis, N.K. (2005). Integração de Toque e Som no Córtex Auditivo. Neurónio *48*, 373-384.

Kerr, J.N.D., Greenberg, D., e Helmchen, F. (2005). Imagiologia de entrada e saída de redes neocorticais in vivo. Proc. Natl. Acad. Sci. U. S. A. *102*, 14063-14068.

Kerr, J.N.D., de Kock, C.P.J., Greenberg, D.S., Bruno, R.M., Sakmann, B., e Helmchen, F. (2007). Organização espacial das respostas da população neuronal na camada 2/3 do córtex do barril de rato. J. Neurosci. *27*, 13316-13328.

Kilgard, M.P., Pandya, P.K., Vazquez, J., Gehi, A., Schreiner, C.E., e Merzenich, M.M. (2001). A entrada sensorial dirige a plasticidade espacial e temporal no córtex auditivo primário. J. Neurophysiol. *86*, 326-338.

Kilgard, M.P., Pandya, P.K., Engineer, N.D., e Moucha, R. (2002). Reorganização da rede cortical guiada por caraterísticas de entrada sensorial. Biol. Cybern. *87*, 333-343.

Kim, S.-Y., Adhikari, A., Lee, S.Y., Marshel, J.H., Kim, C.K., Mallory, C.S., Lo, M., Pak, S., Mattis, J., Lim, B.K., et al. (2013). Vias neurais divergentes montam um estado comportamental a partir de caraterísticas separáveis na ansiedade. Nature *496*, 219-223.

Kim, U., e Ebner, F.F. (1999). Barris e septos: Circuitos separados no córtex do campo de barril de rato. J Comp Neurol 408, 489-505.

Carpenter RH. e Williams ML. (1995) Cálculo neural da probabilidade logarítmica no controlo dos movimentos oculares sacádicos. Nature 377, 59-62.

Kinnischtzke, A.K., Simons, D.J., e Fanselow, E.E. (2013). O córtex motor envolve amplamente neurônios excitatórios e inibitórios no córtex do barril somatossensorial. Cereb. Cortex.

Knöpfel, T. (2012). Indicadores ópticos geneticamente codificados para a análise de circuitos neuronais. Nat. Rev. Neurosci.

Knott, G.W., Quairiaux, C., Genoud, C., e Welker, E. (2002). Formação de espinhas dendríticas com sinapses GABAérgicas induzidas pela estimulação do bigode em ratos adultos. Neurónio *34*, 265-273. Knutsen, P.M. (2006). Localização de Objectos Haptic no Sistema Vibrissal: Comportamento e Desempenho. J. Neurosci. *26*, 8451-8464.

de Kock, C.P., e Sakmann, B. (2009). O pico no córtex somatossensorial primário durante o sussurro natural em ratos acordados com restrição de cabeça é específico do tipo de célula. Proc. Natl. Acad. Sci. *106*, 16446-16450.

Komiyama, T., Sato, T.R., O'Connor, D.H., Zhang, Y.-X., Huber, D., Hooks, B.M., Gabitto, M., e Svoboda, K. (2010). Especificidade de escala fina relacionada com a aprendizagem visualizada em circuitos do córtex motor de ratos comportados. Nature *464*, 1182-1186.

Krupa, D.J., Matell, M.S., Brisben, A.J., Oliveira, L.M., e Nicolelis, M.A. (2001). Propriedades comportamentais do sistema somatossensorial trigeminal em ratos que realizam discriminações táteis dependentes de bigodes. J. Neurosci. *21*, 5752-5763.

Krupa, D.J., Wiest, M.C., Shuler, M.G., Laubach, M., e Nicolelis, M.A. (2004). Ativação cortical somatossensorial específica da camada durante a discriminação tátil ativa. Science *304*, 19891992.

Kuhlman, S.J., O'Connor, D.H., Fox, K., e Svoboda, K. (2014). Plasticidade estrutural no córtex do barril durante as fases iniciais do aprendizado dependente do bigode. J. Neurosci. *34*, 60786083.

Kwan, A.C., e Dan, Y. (2012). Dissecção de microcircuitos corticais por estimulação de neurônio único in vivo. Curr. Biol. *22*, 1459-1467.

Kwon, S.E., Yang, H., Minamisawa, G., e O'Connor, D.H. (2016). A atividade sensorial e relacionada à decisão se propaga em um ciclo de feedback cortical durante a perceção do toque. Nat. Neurosci.

Lak, A., Arabzadeh, E., e Diamond, M.E. (2007). Resposta reforçada de neurónios no córtex somatossensorial do rato a estímulos que contêm ruído temporal. Cereb. Cortex *18*, 1085-1093.

Lak, A., Arabzadeh, E., Harris, J.A., e Diamond, M.E. (2010). Efeitos fisiológicos e perceptivos correlacionados do ruído num estímulo tátil. Proc. Natl. Acad. Sci. *107,* 7981-7986.

LaMotte, R.H., e Mountcastle, V.B. (1975). Capacidades de humanos e macacos para discriminar estímulos vibratórios de diferentes frequências e amplitudes: uma correlação entre eventos neurais e medidas psicológicas. J. Neurophysiol. *38*, 539-559.

Langer, D., e Helmchen, F. (2012). Imunomarcação post hoc de subtipos neuronais GABAérgicos após imagem de cálcio de dois fótons in vivo no neocórtex de camundongo. Pflüg. Arch. - Eur. J. Physiol. *463*, 339-354.

Lawrence, J.J. (2008). Controlo colinérgico da libertação de GABA: paralelos emergentes entre o neocórtex e o hipocampo. Trends Neurosci. *31*, 317-327.

Lee, A.K., Manns, I.D., Sakmann, B., e Brecht, M. (2006). Gravações de células inteiras em ratos em movimento livre. Neuron *51*, 399-407.

Lee, S., Hjerling-Leffler, J., Zagha, E., Fishell, G., e Rudy, B. (2010). O Maior Grupo de Interneurônios GABAérgicos Neocorticais Superficiais Expressa Receptores de Serotonina Ionotrópicos. J. Neurosci.

30, 16796-16808.

Lee, S., Kruglikov, I., Huang, Z.J., Fishell, G., e Rudy, B. (2013). Um circuito desinibitório medeia a integração motora no córtex somatossensorial. Nat. Neurosci. *16*, 1662-1670.

Lefort, S., Tomm, C., Floyd Sarria, J.-C., e Petersen, C.C.H. (2009). A rede neuronal excitatória da coluna C2 Barrel no córtex somatossensorial primário de camundongo. Neurónio *61*, 301316.

Lennie, P. (2003). O custo da computação cortical. Curr. Biol. *13*, 493-497.

Letzkus, J.J., Wolff, S.B.E., Meyer, E.M.M., Tovote, P., Courtin, J., Herry, C., e Lüthi, A. (2011). Um microcircuito desinibitório para a aprendizagem associativa do medo no córtex auditivo. Nature *480*, 331-335.

Li, L. (2005). A supressão crónica da atividade no córtex do campo do barril regula negativamente as respostas sensoriais no córtex do campo do barril contralateral. J. Neurophysiol. *94*, 3342-3356.

Lin, S.-C., e Nicolelis, M.A.L. (2008). Neuronal Ensemble Bursting in the Basal Forebrain Encodes Salience Irrespective of Valence. Neuron *59*, 138-149.

Loewenstein, Y., e Seung, H.S. (2006). A correspondência operante é um resultado genérico da plasticidade sináptica baseada na covariância entre recompensa e atividade neural. Proc. Natl. Acad. Sci. *103*, 15224-15229.

London, M., Roth, A., Beeren, L., Hausser, M., e Latham, P.E. (2010). A sensibilidade a perturbações in vivo implica alto ruído e sugere codificação de taxa no córtex. Nature *466*, 123-127.

Long, J.D., e Carmena, J.M. (2013). Mudanças dinâmicas do córtex do barril somatossensorial de roedores são correlacionado com a aprendizagem de um novo estímulo condicionado. J. Neurophysiol. *109*, 25852595.

Luna, R., Hernández, A., Brody, C.D., e Romo, R. (2005). Códigos neurais para discriminação percetual no córtex somatossensorial primário. Nat. Neurosci. *8*, 1210-1219.

Luo, L., Callaway, E.M., e Svoboda, K. (2008). Dissecção Genética de Circuitos Neurais. Neurónio *57*, 634-660.

Lütcke, H. (2010a). Registo ótico da atividade neuronal com um indicador de cálcio geneticamente codificado em ratos anestesiados e em movimento livre. Front. Circuitos Neurais.

Lütcke, H. (2010b). Registo ótico da atividade neuronal com um indicador de cálcio geneticamente codificado em ratos anestesiados e em movimento livre. Front. Circuitos Neurais.

Lütcke, H., Gerhard, F., Zenke, F., Gerstner, W., e Helmchen, F. (2013a). Inferência da dinâmica e topologia do pico da rede neuronal a partir de dados de imagem de cálcio. Front. Circuitos Neurais *7*.

Lütcke, H., Margolis, D.J., e Helmchen, F. (2013b). Estável ou em mudança? Monitoramento de longo prazo da atividade da população neuronal. Trends Neurosci. *36*, 375-384.

Madisen, L., Mao, T., Koch, H., Zhuo, J., Berenyi, A., Fujisawa, S., Hsu, Y.-W.A., Garcia, A.J., Gu, X., Zanella, S., et al. (2012). Uma caixa de ferramentas de camundongos transgênicos optogenéticos dependentes de Cre para ativação e silenciamento induzidos por luz. Nat. Neurosci. *15*, 793-802.

Maier, D.L., Grieb, G.M., Stelzner, D.J., e McCasland, J.S. (2003). Plasticidade em grande escala no córtex do barril após o corte repetido do bigode em hamsters adultos jovens. Exp. Neurol. *184*, 737-745.

Margolis, D.J., Lütcke, H., Schulz, K., Haiss, F., Weber, B., Kügler, S., Hasan, M.T., e Helmchen, F. (2012). Reorganização da atividade da população cortical visualizada durante a privação sensorial de longo prazo. Nat. Neurosci. *15*, 1539-1546.

Margrie, T., Brecht, M., e Sakmann, B. (2002). Registos in vivo, de baixa resistência, de células inteiras de neurónios no cérebro de mamíferos anestesiados e acordados. Pflagers Arch. Eur. J. Physiol. *444*, 491-498.

Martins, A.R.O., e Froemke, R.C. (2015). Formas coordenadas de plasticidade noradrenérgica no locus coeruleus e no córtex auditivo primário. Nat. Neurosci. *18*, 1483-1492.

Mastakov, M.Y., Baer, K., Xu, R., Fitzsimons, H., e During, M.J. (2001). A injeção combinada de rAAV com manitol aumenta a expressão genética no cérebro do rato. Mol. Ther. *3*, 225-232.

Mateo, C., Avermann, M., Gentet, L.J., Zhang, F., Deisseroth, K., e Petersen, C.C.H. (2011). A estimulação optogenética in vivo de neurônios excitatórios neocorticais conduz à inibição dependente do estado cerebral. Curr. Biol. *21*, 1593-1602.

Matsumora, T., Koida, K., e Komatsu, H. (2008). Relationship Between Color Discrimination and Neural Responses in the Inferior Temporal Cortex of the Monkey (Relação entre a discriminação de cores e as respostas neurais no córtex temporal inferior do macaco). J. Neurophysiol. *100*, 3361-3374.

Matsumoto, M., Matsumoto, K., Abe, H., e Tanaka, K. (2007). A atividade das células pré-frontais mediais sinaliza erros de previsão de valores de ação. Nat. Neurosci. *10*, 647-656.

Mayrhofer, J.M., Skreb, V., von der Behrens, W., Musall, S., Weber, B., e Haiss, F. (2013). Novo paradigma de escolha forçada de duas alternativas para discriminação bilateral da frequência do bigode vibrotátil em camundongos e ratos fixados na cabeça. J. Neurophysiol. *109*, 273-284.

Mayrhofer, J.M., Haiss, F., Helmchen, F., e Weber, B. (2015a). Representação esparsa, confiável e estável a longo prazo de deflexões periódicas do bigode no córtex do barril do mouse. NeuroImage *115*, 52-63.

Mayrhofer, J.M., Haiss, F., Haenni, D., Weber, S., Zuend, M., Barrett, M.J.P., Ferrari, K.D., Maechler, P., Saab, A.S., Stobart, J.L., et al. (2015b). Projeto e desempenho de um microscópio ultraflexível de dois fótons para pesquisa in vivo. Biomed. Opt. Express *6*, 4228.

Mehta, S.B., Whitmer, D., Figueroa, R., Williams, B.A., e Kleinfeld, D. (2007). Perceção espacial ativa no sistema sensorimotor de varrimento da vibrissa. PLoS Biol. *5*, e15.

Mena-Segovia, J., Sims, H.M., Magill, P.J., e Bolam, J.P. (2008). Os neurónios colinérgicos do tronco cerebral modulam a atividade gama cortical durante as oscilações lentas: Neurónios colinérgicos durante a atividade de ondas lentas. J. Physiol. *586*, 2947-2960.

Metherate, R., Cox, C.L., e Ashe, J.H. (1992). Cellular bases of neocortical activation: modulation of neural oscillations by the nucleus basalis and endogenous acetylcholine. J. Neurosci. *12*, 4701-4711.

Miasnikov, A.A., McLin III, D., Weinberger, N.M., e outros (2001). Muscarinic dependence of nucleus basalis induced conditioned receptive field plasticity (Dependência muscarínica da plasticidade do campo recetivo condicionado induzida pelo núcleo basal). Neuroreport *12*, 1537-1542. Mitchell, J.F., Sundberg, K.A., e Reynolds, J.H. (2009). A atenção espacial descorrelaciona as flutuações da atividade intrínseca na área V4 do macaco. Neurónio *63*, 879-888.

Mitchinson, B., Martin, C.J., Grant, R.A., e Prescott, T.J. (2007). Feedback control in active sensing: rat exploratory whisking is modulated by environmental contact. Proc. R. Soc. B Biol. Sci. *274,* 1035-1041.

Mittmann, W., Wallace, D.J., Czubayko, U., Herb, J.T., Schaefer, A.T., Looger, L.L., Denk, W., e Kerr, J.N.D. (2011). Imagem de cálcio de dois fótons da atividade evocada dos neurônios somatossensoriais L5 in vivo. Nat. Neurosci. 14, 1089-1093.

Miyawaki, A., Llopis, J., Heim, R., McCaffery, J.M., Adams, J.A., Ikurak, M., Tsien, R.Y. (1997). Indicadores fluorescentes para Ca2+ baseados em proteínas fluorescentes verdes e calmodulina. Nature 388.

Molina-Luna, K., Hertler, B., Buitrago, M.M., e Luft, A.R. (2008). A aprendizagem motora altera transitoriamente a somatotopia cortical. NeuroImage 40, 1748-1754.

Morita, T., Kang, H., Wolfe, J., Jadhav, S.P., e Feldman, D.E. (2011). Curva psicométrica e estratégias comportamentais para discriminação de textura baseada em bigodes em ratos. PLoS ONE *6*, e20437.

Moucha, R., Pandya, P.K., Engineer, N.D., Rathbun, D.L., e Kilgard, M.P. (2005). Os sons de fundo contribuem para a plasticidade espetro-temporal no córtex auditivo primário. Exp. Brain Res. *162*, 417-427.

Mountcastle, V.B., e outros (1957). Modalidade e propriedades topográficas de neurónios únicos do córtex sensorial somático do gato. J Neurophysiol *20*, 408-434.

Mountcastle, V.B., Steinmetz, M.A., e Romo, R. (1990). Discriminação de frequência no sentido de flutter: medidas psicofísicas correlacionadas com eventos pós-centrais em macacos comportados. J. Neurosci. *10*, 3032-3044.

Murayama, M., e Larkum, M.E. (2009). Imagens de cálcio dendrítico in vivo com um sistema de periscópio de fibra ótica. Nat. Protoc. *4*, 1551-1559.

Nagai, T., Yamada, S., Tominaga, T., Ichikawa, M., e Miyawaki, A. (2004). Gama dinâmica alargada de indicadores fluorescentes para Ca2+ através de proteínas fluorescentes amarelas permutadas circularmente. Proc. Natl. Acad. Sci. U. S. A. *101*, 10554-10559.

Nicolelis, M.A., e Fanselow, E.E. (2002). Mudança dinâmica no processamento talamocortical durante diferentes estados comportamentais. Philos. Trans. R. Soc. Lond. B Biol. Sci. *357*, 1753-1758.

Niell, C.M., e Stryker, M.P. (2010). Modulação de respostas visuais por estado comportamental no córtex visual de ratos. Neurónio *65*, 472-479.

O'Connor, D.H., Huber, D., e Svoboda, K. (2009). Engenharia reversa do cérebro do rato. Nature *461*, 923-929.

O'Connor, D.H., Peron, S.P., Huber, D., e Svoboda, K. (2010). Atividade neural no córtex do barril subjacente à localização de objetos baseados em vibração em camundongos. Neurónio *67*, 1048-1061.

O'Connor, D.H., Hires, S.A., Guo, Z.V., Li, N., Yu, J., Sun, Q.-Q., Huber, D., e Svoboda, K. (2013). Codificação neural durante a somatossensação ativa revelada usando toque ilusório. Nat. Neurosci. *16*, 958-965.

Ohki, K., e Reid, R.C. (2014). In Vivo Two-Photon Calcium Imaging no sistema visual. Cold Spring Harb. Protoc. *2014*, pdb.prot081455-prot081455.

Ohl, F.W., e Scheich, H. (2005). Plasticidade induzida pela aprendizagem no córtex auditivo animal e humano. Curr. Opin. Neurobiol. *15*, 470-477.

Okun, M., e Lampl, I. (2008). Correlação instantânea de excitação e inibição durante actividades contínuas e evocadas pelos sentidos. Nat. Neurosci. *11*, 535-537.

Ollerenshaw, D.R., Bari, BA, Millard, DC, Orr, L.E., Wang, Q. e Stanley, GB (2012). Deteção de entradas táteis na via da vibrissa de rato. J. Neurophysiol. *108*, 479-490.

Olshausen, B., e Field, D. (2004). Codificação esparsa de entradas sensoriais. Curr. Opin. Neurobiol. *14*, 481-487.

Otazu, G.H., Tai, L.-H., Yang, Y., e Zador, A.M. (2009). O envolvimento numa tarefa auditiva suprime as respostas no córtex auditivo. Nat. Neurosci. *12*, 646-654.

Packer, A.M., e Yuste, R. (2011). Conectividade densa e inespecífica de interneurônios positivos para parvalbumina neocortical: Um Microcircuito Canónico para a Inibição? J. Neurosci. *31,* 13260-13271.

Packer, A.M., Russell, L.E., Dalgleish, H.W.P., e Hausser, M. (2014). Manipulação totalmente ótica simultânea e registro da atividade do circuito neural com resolução celular in vivo. Nat. Methods *12,* 140-146.

Palm, G. (2013). Memórias associativas neurais e codificação esparsa. Neural Netw. *37,* 165-171.

Palmer, L.M., Schulz, J.M., Murphy, S.C., Ledergerber, D., Murayama, M., e Larkum, M.E. (2012). A base celular da inibição inter-hemisférica mediada por GABAB. Science *335,* 989993.

Panteví, C., SobelH, D., e Bloom, F.E. (1993). Modulação do processamento sensorial precoce no córtex auditivo humano durante a atenção selectiva auditiva. Proc Natl Acad Sci USA *90,* 87228726.

Pantoja, J., Ribeiro, S., Wiest, M., Soares, E., Gervasoni, D., Lemos, N.A.M., e Nicolelis, M.A.L. (2007). A Atividade Neuronal na Alça Talamocortical Somatossensorial Primária é Modulada pela Contingência de Recompensa durante a Discriminação Tátil. J. Neurosci. *27,* 10608-10620.

Parker, A.J., e Newsome, W.T. (1998). Sense and the single neuron: probing the physiology of perception. Annu. Rev. Neurosci. *21,* 227-277.

Peron, S.P., Freeman, J., Iyer, V., Guo, C., e Svoboda, K. (2015). Um mapa de resolução celular da atividade do córtex do barril durante o comportamento tátil. Neurónio *86,* 783-799.

Petersen, C.C.H. (2007). A Organização Funcional do Córtex do Barril. Neurónio *56,* 339355.

Petersen, C.C.H., e Crochet, S. (2013a). Computação sináptica e processamento sensorial na camada neocortical 2/3. Neurónio *78,* 28-48.

Petersen, C.C.H., e Crochet, S. (2013b). Computação sináptica e processamento sensorial na camada neocortical 2/3. Neurónio *78,* 28-48.

Pfeffer, C.K., Xue, M., He, M., Huang, Z.J., e Scanziani, M. (2013). Inibição da inibição no córtex visual: a lógica das conexões entre interneurônios molecularmente distintos. Nat. Neurosci. *16,* 1068-1076.

Pi, H.-J., Hangya, B., Kvitsiani, D., Sanders, J.I., Huang, Z.J., e Kepecs, A. (2013). Interneurônios corticais especializados em controle desinibitório. Natureza *503,* 521-524.

Pinto, L., Goard, M.J., Estandian, D., Xu, M., Kwan, A.C., Lee, S.-H., Harrison, T.C., Feng, G., e Dan, Y. (2013). Modulação rápida da perceção visual por neurônios colinérgicos do prosencéfalo basal. Nat. Neurosci. *16,* 1857-1863.

Pleger, B., Blankenburg, F., Ruff, C.C., Driver, J., e Dolan, R.J. (2008). A recompensa facilita os julgamentos tácteis e modula as respostas hemodinâmicas no córtex somatossensorial primário humano. J. Neurosci. *28*, 8161-8168.

Polack, P.-O., Friedman, J., e Golshani, P. (2013). Mecanismos celulares de modulação de ganho dependente do cérebro no córtex visual. Nat. Neurosci. *16*, 1331-1339.

Polley, D.B. (2006). A Aprendizagem Percetual Dirige a Reorganização do Mapa Cortical Auditivo através de Influências Top-Down. J. Neurosci. *26*, 4970-4982.

Polley, D.B., Chen-Bee, C.H., e Frostig, R.D. (1999). Duas direcções de plasticidade no córtex adulto privado de sentidos. Neuron *24*, 623-637.

Pologruto, T.A. (2004). Monitorização da Atividade Neural e da [Ca2+] com Indicadores de Ca2+ Geneticamente Codificados. J. Neurosci. *24*, 9572-9579.

Pologruto, T.A., Sabatini, B.L., e Svoboda, K. (2003). ScanImage: software flexível para operar microscópios de varrimento a laser. Biomed Eng Online *2*, 13.

Pooresmaeili, A., Poort, J., e Roelfsema, P.R. (2014). Seleção simultânea por atenção baseada em objetos no córtex visual e frontal. Proc. Natl. Acad. Sci. *111,* 6467-6472.

Posluszny, A., Liguz-Lecznar, M., Turzynska, D., Zakrzewska, R., Bielecki, M., e Kossut, M. (2015). A plasticidade dependente da aprendizagem do córtex do barril é prejudicada pela restrição da transmissão GABA-érgica. PloS One *10*, e0144415.

Poulet, J.F.A., e Petersen, C.C.H. (2008). O estado interno do cérebro regula a sincronia do potencial de membrana no córtex de barril de ratos comportados. Nature *454*, 881-885.

Prigg, T., Goldreich, D., Carvell, G.E., e Simons, D.J. (2002). Discriminação de texturas e registos de unidades no sistema bigode/barril do rato. Physiol. Behav. *77*, 671-675.

Purushothaman, G., e Bradley, D.C. (2005). Código de população neural para decisões perceptivas finas na área MT. Nat. Neurosci. *8*, 99-106.

Ramanathan, D., Tuszynski, M.H., e Conner, J.M. (2009). O sistema colinérgico do prosencéfalo basal é necessário especificamente para a plasticidade do mapa cortical mediada pelo comportamento. J. Neurosci. *29*, 5992-6000.

Ramos, R.L., Tam, D.M., e Brumberg, J.C. (2008). Fisiologia e morfologia dos neurónios de projeção calosa no rato. Neuroscience *153*, 654-663.

Ranade, S.P., e Mainen, Z.F. (2009). O disparo transitório de neurônios da rafe dorsal codifica eventos sensoriais, motores e de recompensa diversos e específicos. J. Neurophysiol. *102*, 3026-3037.

Recanzone, Gh. al, Schreiner, C.E., e Merzenich, M.M. (1993). Plasticidade na representação de frequências do córtex auditivo primário após treino de discriminação em macacos-coruja adultos. J. Neurosci. *13*, 87-103.

Reed, A., Riley, J., Carraway, R., Carrasco, A., Perez, C., Jakkamsetti, V., e Kilgard, M.P. (2011). A plasticidade do mapa cortical melhora a aprendizagem, mas não é necessária para um melhor desempenho. Neuron *70*, 121-131.

Reyes-Puerta, V., Sun, J.-J., Kim, S., Kilb, W., e Luhmann, H.J. (2014). Estrutura laminar e colunar de sequências de picos multineuronais evocadas por sensores no córtex de barril de ratos adultos in vivo. Cereb. Cortex.

Reynolds, J.H., e Chelazzi, L. (2004). MODULAÇÃO ATENCIONAL DO PROCESSAMENTO VISUAL. Annu. Rev. Neurosci. *27*, 611-647.

Reynolds, J.N., e Wickens, J.R. (2002). Plasticidade dependente de dopamina das sinapses corticostriatais. Neural Netw. *15*, 507-521.

Richardson, R.T., e DeLong, M.R. (1990). Respostas dependentes do contexto de neurónios do núcleo basalis de primatas numa tarefa go/no-go. J. Neurosci. *10*, 2528-2540.

Ringach, D.L. (2009). Spontaneous and driven cortical activity: implications for computation. Curr. Opin. Neurobiol. *19*, 439-444.

Rodgers, C.C., e DeWeese, M.R. (2014). Correlatos neurais da troca de tarefas no córtex pré-frontal e no córtex auditivo primário em uma nova tarefa de seleção de estímulos para roedores. Neurónio *82*, 1157-1170.

Roelfsema, P.R., van Ooyen, A., e Watanabe, T. (2010). Regras de aprendizagem perceptiva baseadas em reforços e atenção. Trends Cogn. Sci. *14*, 64-71.

Rosselet, C., Fieschi, M., Hugues, S., e Bureau, I. (2011). A aprendizagem associativa altera a organização dos circuitos excitatórios funcionais que visam as camadas supragranulares do córtex do barril de camundongo. Frente. Circuitos Neurais *4*.

Rushworth, M.F.S., e Behrens, T.E.J. (2008). Choice, uncertainty and value in prefrontal and cingulate cortex (Escolha, incerteza e valor no córtex pré-frontal e cingulado). Nat. Neurosci. *11*, 389-397.

Rutkowski, R.G., e Weinberger, N.M. (2005). Codificação da importância aprendida do som pela magnitude da área representacional no córtex auditivo primário. Proc. Natl. Acad. Sci. U. S. A. *102*, 13664-13669.

Sachidhanandam, S., Sreenivasan, V., Kyriakatos, A., Kremer, Y., e Petersen, C.C.H. (2013). Correlatos potenciais de membrana da perceção sensorial no córtex do barril de camundongo. Nat. Neurosci. *16*, 1671-1677.

Sato, T.R., Gray, N.W., Mainen, Z.F., e Svoboda, K. (2007). A Microarquitectura Funcional de o Córtex do Barril do Rato. PLoS Biol. *5*, e189.

Schultz, W., e Dickinson, A. (2000). Codificação neuronal de erros de previsão. Annu. Rev. Neurosci. *23*, 473-500.

Schultz, W., Dayan, P., e Montague, P.R. (1997). Um substrato neural de previsão e recompensa. Science *275*, 1593-1599.

Schwarz, C., Hentschke, H., Butovas, S., Haiss, F., Stüttgen, M.C., Gerdjikov, T.V., Bergner, C.G., e Waiblinger, C. (2010). O rato comportamental de cabeça fixa - Procedimentos e armadilhas. Somatosens. Mot. Res. *27*, 131-148.

Shackleton-Jones, N., Gross, R., Mcllveen, R. (1999). Psicologia. Uma nova introdução. Houder and Stoughton.

Shaner, N.C., Steinbach, P.A., e Tsien, R.Y. (2005). Um guia para a escolha de proteínas fluorescentes. Nat. Methods *2*, 905-909.

Shuler MG., Bear MF. (2006). Tempo de recompensa no córtex visual primário. Science 311, 16061609.

Shuler, M.G., Krupa, D.J., e Nicolelis, M.A. (2001). Integração bilateral da informação do bigode no córtex somatossensorial primário de ratos. J. Neurosci. *21,* 5251-5261.

Shuler, MG., Krupa DJ., Nicolelis, M.A. (2002). Integração de estímulos bilaterais do Whisker em ratos: Papel dos córtices do barril de Whisker. Cerebral cortex 12, 86-97.

Shulz, D.E., Ego-Stengel, V., e Ahissar, E. (2003). A potenciação dependente de acetilcolina da representação da frequência temporal no córtex do barril não depende da magnitude da resposta durante o condicionamento. J. Physiol.-Paris *97*, 431-439.

Simons, D.J. (1978). Propriedades de resposta de unidades vibrissas no neocórtex somatossensorial SI de rato. J. Neurophysiol. *41*, 798-820.

Siucinska, E., e Kossut, M. (1996a). O condicionamento clássico de curta duração induz alterações reversíveis dos mapas de representação das vibrissas no córtex SI do rato - um estudo 2DG. Cereb. Cortex *6*, 506-513.

Siucinska, E., e Kossut, M. (1996b). O condicionamento clássico de curta duração induz alterações reversíveis dos mapas de representação das vibrissas no córtex SI do rato - um estudo 2DG. Cereb. Cortex *6*, 506-513.

Sofroniew, N.J., Flickinger, D., King, J., e Svoboda, K. (2016). Um grande campo de visão mesoscópio de dois fótons com resolução subcelular para imagens in vivo. eLife. 5: e14472.

Steinmetz, N.A., e Moore, T. (2014). A preparação do movimento ocular modula as respostas neuronais na área V4 quando dissociada das demandas de atenção. Neurónio *83*, 496-506.

Stern, E.A., Maravall, M., e Svoboda, K. (2001). Desenvolvimento rápido e plasticidade dos mapas da camada 2/3 no córtex do barril de rato in vivo. Neurónio *31*, 305-315.

Stirman, J.N., Smith, I.T., Kudenov, M.W., e Smith, S.L. (2016). Amplo campo de visão, multirregião, imagem de dois fótons da atividade neuronal no cérebro de mamíferos. Nat. Biotechnol. *34*, 857-862.

Stuttgen, M.C. (2010). Em direção a referências comportamentais para o processamento sensorial relacionado ao bigode. J. Neurosci. *30*, 4827-4829.

Stüttgen, M.C. (2011). Mapping spikes to sensations (Mapeamento de picos para sensações). Front. Neurosci. *5*.

Stüttgen, M.C., e Schwarz, C. (2008a). Psicotécnica e neurométrica deteção desempenho sob incerteza de estímulos. Nat. Neurosci. *11*, 1091-1099.

Stüttgen, M.C., e Schwarz, C. (2008b). Psicotécnica e neurométrica deteção desempenho sob incerteza de estímulos. Nat. Neurosci. *11*, 1091-1099.

Stüttgen, M.C., e Schwarz, C. (2008c). Psychophysical and neurometric detection performance under stimulus uncertainty (Desempenho de deteção psicofísica e neurométrica sob incerteza de estímulo). Nat. Neurosci. *11*, 1091-1099.

Stuttgen, M.C., e Schwarz, C. (2010). Integration of Vibrotactile Signals for Whisker- Related Perception in Rats Is Governed by Short Time Constants: Comparação do Desempenho de Deteção Neurométrica e Psicométrica. J. Neurosci. *30*, 2060-2069.

Sur, M. (2005). Patterning and Plasticity of the Cerebral Cortex (Padrão e plasticidade do córtex cerebral). Science *310*, 805-810.

Svoboda, K., e Yasuda, R. (2006). Princípios da Microscopia de Excitação de Dois Fótons e suas Aplicações à Neurociência. Neuron *50*, 823-839.

Takahashi, H., Yokota, R., Funamizu, A., Kose, H., e Kanzaki, R. (2011a). Plasticidade do mapa dependente do estágio de aprendizagem, específica do campo, no córtex auditivo do rato durante o condicionamento operante apetitivo. Neuroscience *199*, 243-258.

Takahashi, H., Yokota, R., Funamizu, A., Kose, H., e Kanzaki, R. (2011b). Plasticidade do mapa dependente do estágio de aprendizagem, específica do campo, no córtex auditivo do rato durante o condicionamento operante apetitivo. Neuroscience *199*, 243-258.

Taniguchi, H., He, M., Wu, P., Kim, S., Paik, R., Sugino, K., Kvitsani, D., Fu, Y., Lu, J., Lin, Y., et al. (2011). Um recurso de linhas de driver Cre para direcionamento genético de neurônios GABAérgicos no córtex cerebral. Neurónio *71*, 995-1013.

Taube, J.S., Muller, R.U., e Ranck, J.B. (1990). Células de direção da cabeça registadas no pós-subículo em ratos em movimento livre. II. Efeitos de manipulações ambientais. J. Neurosci. *10*, 436-

447.

Trachtenberg, J.T., Chen, B.E., Knott, G.W., Feng, G., Sanes, J.R., Welker, E., e Svoboda, K. (2002). Imagem in vivo a longo prazo da plasticidade sináptica dependente da experiência no córtex adulto. Nature *420*, 788-794.

Turrigiano, G.G. (2008). O neurónio auto-ajustável: escala sináptica de sinapses excitatórias. Cell *135*, 422-435.

Turrigiano, G.G., e Nelson, S.B. (2000). Hebb e a homeostase na plasticidade neuronal. Curr. Opin. Neurobiol. *10*, 358-364.

Ulanovsky, N. (2004). Escalas temporais múltiplas de adaptação nos neurónios do córtex auditivo. J. Neurosci. *24*, 10440-10453.

Vazdarjanova, A., e McGaugh, J.L. (1998). A amígdala basolateral não é crítica para a memória cognitiva do condicionamento contextual do medo. Proc. Natl. Acad. Sci. *95*, 15003-15007.

Weinberger, N.M. (2004). Traços específicos de memória de longo prazo no córtex auditivo primário. Nat. Rev. Neurosci. *5,* 279-290.

Weinberger, N.M. (2007). Plasticidade representacional associativa no córtex auditivo: Uma síntese de duas disciplinas. Aprender. Mem. *14*, 1-16.

Weinberger, N.M., Javid, R., e Lepan, B. (1993). Retenção a longo prazo da plasticidade do campo recetivo induzida pela aprendizagem no córtex auditivo. Proc. Natl. Acad. Sci. *90,* 2394-2398.

Welker, E., Rao, S.B., Dorfl, J., Melzer, P., e Van der Loos, H. (1992). Plasticity in the barrel cortex of the adult mouse: effects of chronic stimulation upon deoxyglucose uptake in the behaving animal. J Neurosci *12*, 153-70.

Wichmann FA, e Hill NJ. (2001). A função psicométrica. I. Ajustamento, amostragem e qualidade do ajustamento. Percept Psychophys 63, 1293.

Wiest, M.C. (2005). Integração Heterogénea de Sinais Bilaterais de Whisker por Neurónios no Córtex Somatossensorial Primário de Ratos Acordados. J. Neurophysiol. *93*, 2966-2973.

Wiest, M.C., Thomson, E., Pantoja, J., e Nicolelis, M.A.L. (2010). Alterações nas respostas neurais S1 durante a aprendizagem da discriminação tátil. J. Neurophysiol. *104*, 300-312.

Wurtz, RH. (1968). Neurónios do córtex visual: resposta a estímulos durante movimentos rápidos dos olhos. Science 162, 1148-1150.

Y an, J., e Zhang, Y. (2005). A formação do campo recetivo no córtex auditivo do rato guiada pelo som através da ativação do prosencéfalo basal. Eur. J. Neurosci. *21*, 563-576.

Y ang, H., Kwon, S.E., Severson, K.S., e O'Connor, D.H. (2015). Origens da atividade relacionada à escolha no córtex somatossensorial do mouse. Nat. Neurosci. *19*, 127-134.

Y assin, L., Benedetti, B.L., Jouhanneau, J.-S., Wen, J.A., Poulet, J.F.A., e Barth, A.L. (2010). Uma Sub-rede Incorporada de Neurónios Altamente Activos no Neocórtex. Neuron *68*, 10431050.

Y izhar, O., Fenno, L.E., Prigge, M., Schneider, F., Davidson, T.J., O'Shea, D.J., Sohal, V.S., Goshen, I., Finkelstein, J., e Paz, J.T. (2011). Equilíbrio de excitação / inibição neocortical no processamento de informações e disfunção social. Nature *477*, 171-178.

Y otsumoto, Y., Watanabe, T., e Sasaki, Y. (2008). Dinâmica diferente do desempenho e do cérebro ativação no curso temporal da aprendizagem perceptiva. Neuron *57*, 827-833.

Y uan, Y., Mao, H., e Si, J. (2015). Respostas neurais corticais ao resultado do ensaio anterior durante a aprendizagem de uma tarefa de escolha direcional. J. Neurophysiol. 1963-1976.

Zariwala, H.A., Madisen, L., Ahrens, K.F., Bernard, A., Lein, E.S., Jones, A.R., e Zeng, H. (2011). Propriedades de sintonização visual de tipos neuronais de camada 2/3 geneticamente identificados no córtex visual primário de camundongos Cre-Transgênicos. Front. Syst. Neurosci. *4*.

Zhou, J., Wen, Y., She, L., Sui, Y. -n., Liu, L., Richards, L.J., e Poo, M. -m. (2013). A posição do axônio dentro do corpo caloso determina a projeção cortical contralateral. Proc. Natl. Acad. Sci. *110,* E2714-E2723.

Zhou, M., Liang, F., Xiong, X.R., Li, L., Li, H., Xiao, Z., Tao, H.W., e Zhang, L.I. (2014). Diminuição da excitação e inibição equilibradas por estados comportamentais ativos no córtex auditivo. Nat. Neurosci. *17,* 841-850.

Zhu, J.J., e Connors, B.W. (1999). Intrinsic firing patterns and whisker-evoked synaptic responses of neurons in the rat barrel cortex. J. Neurophysiol. *81*, 1171-1183.

7. Dados suplementares

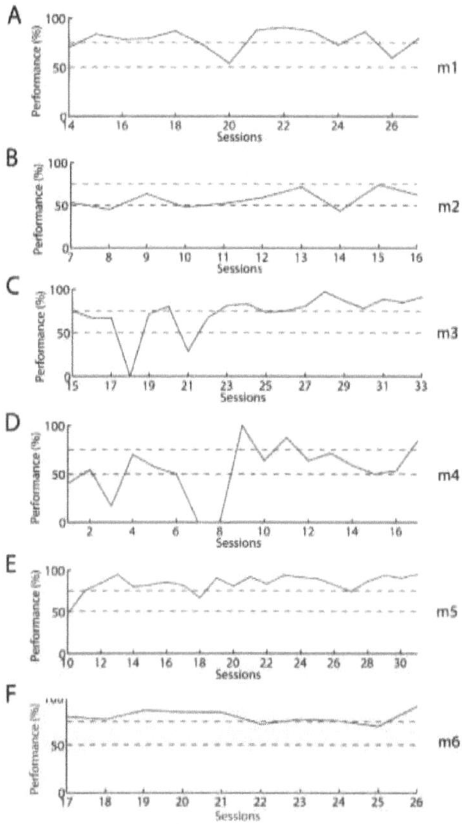

Figura suplementar 1. Desempenho comportamental em sessões individuais na tarefa de deteção de 2-AFC.

A. m1. **B**. m2. **C**. m3. **D**. m4. **E**. m5. **F**. m6.

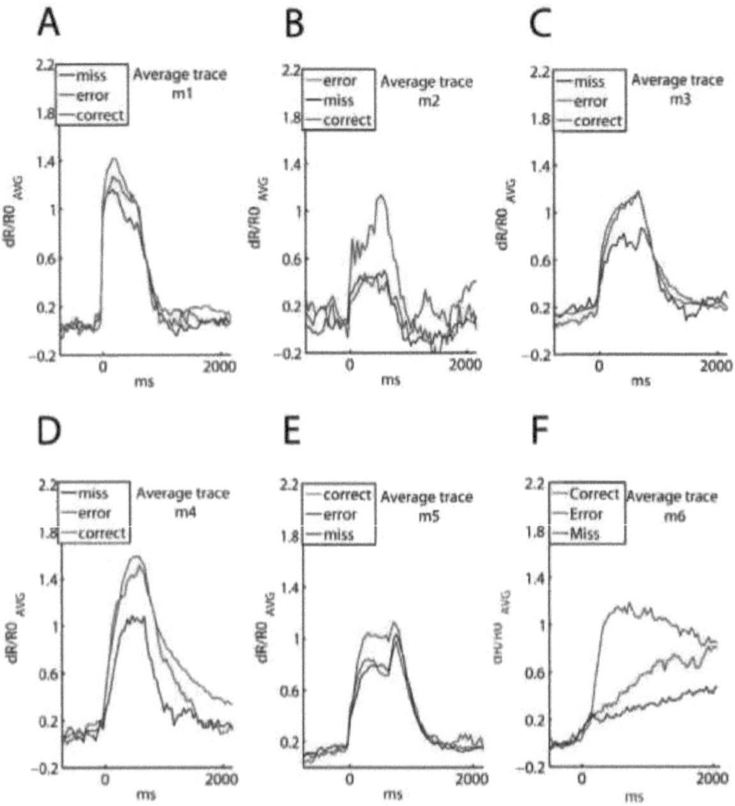

Figura suplementar 2. Traços médios de cálcio para respostas corretas, erradas e falhadas.

A. m1. **B**. m2. **C**. m3. **D**. m4. **E**. m5. **F**. m6.

Animal ml	Antes e depois da aprendizagem		Compromisso	
Lado do alvo	Contralateral	Ipsilateral	Contralateral	Ipsilateral
Pesquisa na grelha:				
c_opt	1E+02	1E+04	1E-02	1E+05
sigma_opt	1E+01	1E+01	1E+05	1E+01
Desempenho em todo o conjunto de dados:				
TPR-cl1 (%)	72.4	65.0	46,2	46,0
TPR-cl2 (%)	74.0	59.2	78,7	55,5
TPR-cl3 (%)	-	-	-	-
Bacc (%)	**73.2****	**62.1****	**62,5****	50,7
Estimativa do nível de probabilidade:				
Nível de probabilidade de 1% (%)	57.3	57.4	60,9	61,5

Animal m2	Antes e depois da aprendizagem		Compromisso	
Lado do alvo	Contralateral	Ipsilateral	Contralateral	Ipsilateral
Pesquisa na grelha:				
c_opt	1E+00	1E-03	1E-04	1E-01
sigma_opt	1E+01	1E+01	1E+04	1E+02
Desempenho em todo o conjunto de dados:				
TPR-cl1 (%)	71.0	42.4	48,0	52,2
TPR-cl2 (%)	88.4	72.9	58,3	60,2
TPR-cl3 (%)	-	-	-	-
Bacc (%)	**79.7****	57.6	53,1	56,2
Estimativa do nível de probabilidade:				
Nível de probabilidade de 1% (%)	58.3	59.8	57,2	56,5

Animal m3	Antes e depois da aprendizagem		Compromisso	
Lado do alvo	Contralateral	Ipsilateral	Contralateral	Ipsilateral
Pesquisa na grelha:				
c_opt	1E+00	1E+04	1E+03	1E+00
sigma_opt	1E+01	1E+01	1E+04	1E+01
Desempenho em todo o conjunto de dados:				
TPR-cl1 (%)	64.3	45.7	63,6	58,8
TPR-cl2 (%)	79.6	77.0	59,9	60,5
TPR-cl3 (%)	-	-	-	-
Bacc (%)	**71.9****	**61.3****	**61,8****	**59,6****
Estimativa do nível de probabilidade:				
Nível de probabilidade de 1% (%)	55.6	54.3	55,2	54,3

Animal m4	Antes e depois da aprendizagem		Compromisso	
Lado do alvo	Contralateral	Ipsilateral	Contralateral	Ipsilateral
Pesquisa na grelha:				
c_opt	1E+00	1E+01	1E+01	1E-01
sigma_opt	1E+01	1E+01	1E+02	1E+01
Desempenho em todo o conjunto de dados:				
TPR-cl1 (%)	71.0	88.9	80,2	69,3
TPR-cl2 (%)	64.1	84.6	61,2	63,8
TPR-cl3 (%)	-	-	-	-
Bacc (%)	**86.7****	**67.5****	**66,6****	**70,7****
Estimativa do nível de probabilidade:				
Nível de probabilidade de 1% (%)	54.5	54.4	55,0	54,0

Animal m5	Antes e depois da aprendizagem		Compromisso	
Lado do alvo	Contralateral	Ipsilateral	Contralateral	Ipsilateral
Pesquisa na grelha:				
c_opt	1E+01	1E+01	1E+00	1E-03
sigma_opt	1E+01	1E+01	1E+01	1E+01
Desempenho em todo o conjunto de dados:				
TPR-cl1 (%)	85,8	71,9	56,8	56,5
TPR-cl2 (%)	89,1	79,0	68,0	64,8
TPR-cl3 (%)	-	-	-	-
Bacc (%)	**87,4****	**75,5****	**62,4****	**60,7****
Estimativa do nível de probabilidade:				
Nível de probabilidade de 1% (%)	56,3	56,5	58,1	59,7

Tabela suplementar 1. Melhores resultados de classificação num único ensaio e hiperparâmetros SVM não lineares óptimos (copt, σ RBF, opt) encontrados por pesquisa em grelha.

Os valores de precisão equilibrada (Bacc) em negrito indicam resultados acima do nível de 1% de probabilidade. A janela temporal analisada foi de 1000 ms e apenas foram considerados os estímulos unilaterais de 90 Hz. "Antes e depois da aprendizagem" compara os dados de antes da aprendizagem (linha de base no estado de vigília) e depois da aprendizagem (depois de os animais atingirem um limiar de desempenho de 75%). "Envolvimento" comparou a categoria envolvida (ensaios corretos e com erro) com a categoria não envolvida (ensaios falhados). Legenda de significância: ** = p<0.01.

8. Curriculum vitae

Dados pessoais

Nome: Vida SKREB

Local e data de nascimento: Zagreb, Croácia, 1 de fevereiro de 1984

Cidadania: Croata e francês

Educação

Desde janeiro de 2010	Estudante de doutoramento em neurociência na Faculdade de Ciências da Universidade de Zurique, Suíça; Supervisor: Dr. Florent Haiss, Comité de Direção: Prof. Bruno Weber, Prof. Jean-Marc Fritschy, Prof. Fritjof Helmchen
maio-setembro de 2009.	Instituto de Química Fisiológica, Universidade de Mainz
março-abril de 2009.	Departamento de Bioquímica, Faculdade de Ciências, Universidade de Zagreb
junho de 2008.	Tese de mestrado em Química na Faculdade de Ciências, "O efeito do cobre(II) nos espectros de absorção das hidrazonas", Universidade de Zagreb (medalha de mérito)
2003.-2004.	"Sciences de la vie" Universidade Paris 7 Denis Diderot, Paris, França
2002.-2003.	Faculdade de Tecnologia Alimentar e Biotecnologia, Universidade de Zagreb
2002.	Formatura no Gynasium de matemática e ciências da vida

Publicações

Mayrhofer, J. M., Skreb,V., Von der Behrens, W., Musall, S., Weber, B., & Haiss, F. (2013). Novo paradigma de escolha forçada de duas alternativas para discriminação de frequência de bigode vibrotátil bilateral em camundongos e ratos fixados na cabeça. Journal of neurophysiology, 109(1), 273-284. doi:10.1152/jn.00488.2012.

Subvenções

Bolsa "Forschungskredit" financiada pela "Stiftung für Forschung an der Medizinischen Fakultat" que permite um ano de financiamento da Universidade de Zurique, junho de 2013

Conversas

"Imagens de dois fótons da atividade da população neuronal no córtex somatossensorial de roedores durante a aprendizagem perceptiva" na reunião plenária Brain-i-Nets 12.-13. novembro de 2012, Graz.

"Cholinergic modulation of sensory responses in the rodent barrel cortex" no Brain-i-Nets Project Meeting 2011 with EU Review, 8.-10. março de 2011, Gif-Sur-Yvette, França.

"Cholinergic modulation of sensory responses in the rodent barrel cortex" no retiro ZNZ, 12.-14.

maio de 2011.

Cartazes

"Cholinergic modulation of sensory responses in the rodent barrel cortex"; Skreb,V., Von der Behrens, W., Musall, S., Schaffner, M., Weber, B., & Haiss, F. na Reunião Anual da Sociedade para a Neurociência em Washington D.C., 12.-16. novembro de 2011.

Cholinergic modulation of sensory responses in the rodent barrel cortex"; Skreb,V., Von der Behrens, W., Musall, S., Schaffner, M., Weber, B., & Haiss, F. no dia ZNZ, Zurique, Suíça, 12.-16. setembro de 2011.

"Cholinergic modulation of sensory responses in the rodent barrel cortex"; Skreb,V., Von der Behrens, W., Schaffner, M., Weber, B., & Haiss, F. na FENS IBRO Society for Neurosciene School 2011 "Causal Neuroscience: Interagindo com circuitos neurais" em Bertinoro, Itália, 19-24. junho de 2011.

9. Agradecimentos

Gostaria de agradecer ao Prof. Bruno Weber e ao Dr. Florent Haiss por me terem dado a oportunidade de trabalhar num domínio tão fascinante como a neurociência, por me terem oferecido a sua valiosa orientação, os seus vastos conhecimentos e o seu apoio até à conclusão bem sucedida do doutoramento.

Jean-Marc Fritschy por me ter apoiado durante todo o período do doutoramento e aos meus colegas de laboratório e companheiros de estudo pelo intercâmbio intelectual, pelas valiosas contribuições e por me ajudarem a manter o meu otimismo e a minha paixão pela ciência.

Esta tese não seria possível sem o apoio incrível e amoroso da minha família, especialmente dos meus pais, que estiveram comigo em cada passo deste longo e difícil caminho e me apoiaram financeiramente durante o último ano e meio. Estou também muito grata aos meus amigos por terem fé em mim e por me terem apoiado. Um agradecimento especial ao meu amor, Nick Shackleton-Jones.

MIX
Papier aus verantwortungsvollen Quellen
Paper from responsible sources
FSC® C105338

Printed by Books on Demand GmbH, Norderstedt / Germany